发电厂 变电站电气设备

（第2版）

主　编　黄益华

副主编　王朗珠　肖中华

U0379480

重庆大学出版社

内 容 简 介

本书着重讲述发电厂、变电站电气一次设备及电气主系统的各种形式,相应介绍了主要电器的基本工作原理和特性。内容包括:电气主接线和厂用电系统的构成及适用特点;电弧及载流导体的发热和电动力基本理论;导体和电器的基本结构及功能;配电装置的形式;发电厂、变电站直流部分;断路器的控制等。

本书可为发电厂、变电站及相关"电气"专业的教材,同时也可作为从事发电厂、变电站工作的电气运行人员的培训参考教材。

图书在版编目(CIP)数据

发电厂 变电站电气设备/黄益华主编. —重庆:重庆大学出版社,2005.1(2024.7重印)
(高职高专电气系列教材)
ISBN 978-7-5624-3312-5

Ⅰ. 发… Ⅱ. 黄… Ⅲ.①发电厂—电气设备—高等学校:技术学校—教材②变电所—电气设备—高等学校:技术学校—教材 Ⅳ. TM6

中国版本图书馆 CIP 数据核字(2004)第 141484 号

发电厂 变电站电气设备
(第2版)

主 编 黄益华
副主编 王朗珠
肖中华

责任编辑:彭 宁 鲁 黎 版式设计:彭 宁
责任校对:邹 忌 责任印制:张 策

*

重庆大学出版社出版发行
出版人:陈晓阳
社址:重庆市沙坪坝区大学城西路 21 号
邮编:401331
电话:(023)88617190 88617185(中小学)
传真:(023)88617186 88617166
网址:http://www.cqup.com.cn
邮箱:fxk@cqup.com.cn(营销中心)
全国新华书店经销
POD:重庆新生代彩印技术有限公司

*

开本:787mm×1092mm 1/16 印张:13 字数:324 千
2005 年 1 月第 2 版 2024 年 7 月第 12 次印刷
ISBN 978-7-5624-3312-5 定价:30.00 元

本书如有印刷、装订等质量问题,本社负责调换
版权所有,请勿擅自翻印和用本书
制作各类出版物及配套用书,违者必究

前言

随着教育体制的改革深化和电力工业的发展,适应目前高职高专院校培养目标的教材颇为匮乏,针对目前高职高专教材需求状况,广泛的采集和征求各方面的意见,汇集多位长期从事高职高专教学,经验丰富的教师的讲义编写成本教材。

本教材结合现代电气设备的使用及运行状况,结合高职高专学生实际情况,采用较多的图例,来使读者建立对电气设备的初步认识;内容全面简要,结构层次清晰,努力克服理论知识"偏多、偏难、偏深"的倾向,基本理论与概念的介绍做到实用、够用。此外,为了帮助读者加深理解每章内容,附有一定数量的思考题,以供选做。

本教材紧密结合现场生产的要求,专业针对性强,浅显易懂。若加强理论与实践相结合进行学习与教学,效果较佳。

本书第1章、第6章和第11章由重庆电力高等专科学校王朗珠编写;第2章由重庆电力高等专科学校黄益华编写;第3章、第4章由贵州电力职业技术学院饶忠兰编写;第5章、第7章由广西柳州职业技术学院冯美英编写;第9章、第10章由广西水电职业技术学院肖中华编写;第12章由重庆电力高等专科学校何明芳编写。全书由黄益华统稿。

限于编者水平,书中难免存在一些疏漏和错误,希望广大读者给予指正。

编　者
2004 年 12 月

目录

第 1 章
绪 论

本章首先阐述我国目前电力工业的发展远景,而后介绍发电厂和变电站的各种类型及特点,以及主要配电设备的作用。最后指出学习本课程的目的、任务和方法。

1.1 我国电力工业发展概况

电力是工农业生产不可缺少的动力,并广泛应用到一切生产部门和日常生活方面。电能有许多优点:首先,它可简便地转换成另一种形式的能量。例如,电动机,是将电能转换成机械能,拖动各种机械;又如我们日常使用的电灯,是将电能转换为光能,满足照明需要。其次,电能经过高压输电线路,可输送很远的距离,供给远方使用。另外,许多生产部门利用电能进行控制,更容易实现自动化,提高产品质量和经济效益。

电力工业应满足国民经济发展的需要,因此,在国民经济中保持电力工业适度的超前发展是十分必要的。

中国经济的持续快速发展大大推动了电力行业的发展。"十五"(2001—2005 年)后期至2020 年,中国电力工业将进入一个新的发展时期,全国电力装机容量将会实现大幅增长。截至 2003 年底,中国电力装机容量达到 3.8 亿 kW,预计到 2005 年将达到 4.5 亿 kW 以上,2010年将达到 6.5 亿 kW 左右,2020 年将达到 9.5 亿 kW 左右。

目前中国百万千瓦以上的水、火、核电站的总数已达到 107 座,比 2000 年初增加 27 座。中国已形成以大型发电厂和高效大容量发电机组为骨干的电力生产体系。进入 21 世纪的中国电力工业发展已步入了大电网、大机组、高参数、超高压和自动化、信息化及全国联网的新阶段。

火电站中装机容量最大的为福建漳州后石电厂,为 360 万 kW。水电站装机容量最大的是在建的三峡水电站,为 1 820 万 kW。核电站中装机容量最大的为广东岭澳核电站,为 198 万kW。新能源的开发方面,中国电力企业联合会的统计显示,经过近 10 年以年均 55% 的快速增长后,至 2003 年底,中国内地已建成的风力电厂达 40 个,风力发电机组达 1 042 台,累计装机总容量为 56.7 万 kW。300 MW 火力机组已成为我国主力发电机组,目前我国已具备 600 MW级及以上容量火力发电机组的设备制造能力,单机容量为 600 MW 机组的电厂目前已开始相继投建。

中国风能资源非常丰富,尤其是西北、东北和沿海地区。为此,中国有关部门已作出规划,到 2005 年中国风力发电装机总量将达到 100 万 kW,到 2010 年将达到 400 万 kW,到 2020 年将达到 2 000 万 kW,届时在全国电力能源结构中的比例将占到 2%。

我国各地资源分布和经济发展很不平衡:从一次能源分布看,水能资源主要集中于西部和西南部地区,可开发容量占全国 83%,煤炭资源集中在于华北和西北部地区,占全国 80%;从各地区发展和电力消费水平看,中部和东部沿海地区经济总量占全国 82%,电力消费占 78%,而西部地区则分别只占 18% 和 22%。这种资源和经济发展的不平衡客观上要求必须加快全国联网,推动西电东送和南北互供,以促进全国范围内的资源优化配置。早在 1989 年,就已形成了 7 个跨省电网:东北电网、华北电网、华东电网、华中电网、西北电网、西南电网、南方互联电网(含香港电网和澳门电网)。在经历了从省网发展到大区电网的积累后,跨大区电网互联工程大步推进。1989 年 9 月,华中华东电网之间的 ±500 kV 超高压直流输电工程(1.2 GW)投入运行,在中国首次实现非同步跨大区联网。"十五"期间全国联网取得实质性进展。2005 年前后,将以三峡工程为中心,以华中电网为依托,向东西南北四个方向辐射,建设四个方向的联网和输电线路,同时不断扩大北中南三个主要西电东送通道规模。届时,除新疆、西藏、海南、台湾外,全国互联电网格局基本形成。

1.2　未来中国电源发展战略

中国能源资源的格局决定国内目前及未来电力行业发展的基本格局。中国未来电源发展的策略体现在以下几方面。

1.2.1　优化发展火电

不断优化火电的机组结构、技术结构和地区结构,实现火电技术的产业升级和更新。新建的燃煤电厂主要采用单机容量 30 万 kW 及以上的高参数、高效率、调峰性能好的机组。在山西、陕西、内蒙和西南等能源基地建设矿区、坑口电厂,向东部及沿海缺能地区送电,促进更大范围的资源优化配置,推动全国联网。积极引进和发展超临界机组,推进循环硫化床等洁净煤发电示范工程。通过引进、消化、吸收国外先进的技术,加快循环硫化床锅炉和脱硫设备的国产化步伐。

1.2.2　积极发展水电

重点开发长江中上游及其干支流、红水河、澜沧江中下游、乌江和黄河上游等流域的水电资源。调峰能力不足、系统峰谷差大的电网,在对各种调峰手段进行充分论证的基础上,选择技术经济性较好的站址,适当建设抽水蓄能电站。

1.2.3　适量建设天然气电站

在沿海缺能地区及大城市,根据国内天然气资源开发、西气东输工程的进展,以及国际天然气市场的情况,因地制宜地适量发展燃气蒸汽联合循环机组,促进国内天然气资源的开发利用,增加电网调峰能力。

1.2.4 适当发展核电

适当建设核电国产化驱动项目,逐步实现核电自主设计、制造、建设和运营的目标。

1.2.5 因地制宜发展新能源发电

加快以风力发电为主的新能源发电项目的建设,在新疆、内蒙、东北、华北和东南沿海地区开发规模较大的风力发电场。继续开发利用太阳能、地热能等新能源发电。

1.3 发电厂和变电站的类型

发电厂是把各种天然能源,如煤炭、水能、核能等转换成电能的工厂。电能一般还要由变电所升压,经高压输电线路送出,再由变电所降压才能供给用户使用。为了便于了解电能的生产,下面首先简要叙述发电厂和变电所的类型。

1.3.1 发电厂类型

(1)火力发电厂

火力发电厂是指用煤(包括用油和天然气)为燃料的发电厂。火力发电厂中的原动机,大都为汽轮机,也有个别地方采用柴油机和燃气轮机。火力发电厂又可分为:

1)凝汽式火电厂:锅炉产生蒸汽,送到汽轮机,带动发电机发出电能。已作过功的蒸汽,排入凝汽器中冷却成水,又重新送回锅炉。在凝汽器中,大量的热量被循环水带走,因此凝汽式火电厂的效率较低,只有30% ~ 40% 。凝汽式火电厂,通常简称为火电厂。火电厂的典型布置图如图1.1所示。

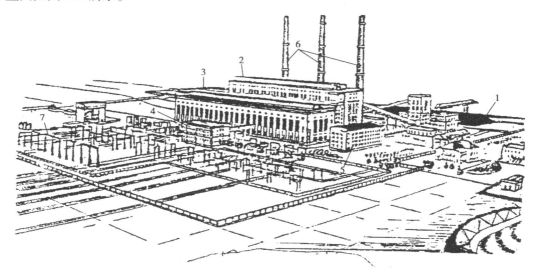

图 1.1 火电厂布置图

1—煤场;2—锅炉房;3—汽机房;4—主控制室;5—办公楼;6—烟囱;7—屋外高压配电装置

2）热电厂：热电厂与凝汽式火电厂的不同之处在于：汽轮机中一部分作过功的蒸汽,从中段抽出供给用户,或经热交换器将水加热后,再把热水供给用户。这样,便可减少被循环水带走的热量损失,现代热电厂的效率高达60%～70%。

(2)水力发电厂

水力发电厂把水的位能和动能转变成电能,通常简称水电厂或水电站。根据水力枢纽布置的不同,水电厂又可分为堤坝式、引水式等。

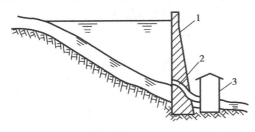

图1.2 坝后式水电厂
1—坝;2—压力水管;3—厂房

1）堤坝式水电厂：水电厂在河床上游修建拦河坝,将水积蓄起来,抬高上游水位,形成发电水头,这种开发模式称为堤坝式。堤坝式水电厂又可分为坝后式和河床式2种。

①坝后式水电厂：这种水电厂的厂房建筑在坝的后面,全部水压由坝体承受。水库的水由主压力水管引入厂房,转动水轮发电机发电。坝后式水电厂适合于中、高水头的情况,如图1.2所示。

②河床式水电厂：这种水电厂的厂房和挡水堤坝连成一体,厂房也起挡水作用,因修建在河床中,故名河床式。水头一般在30 m以下,如图1.3所示。

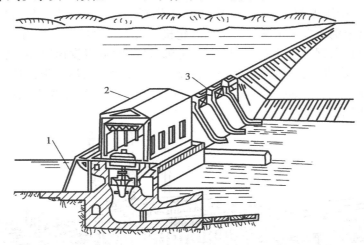

图1.3 河床式水电厂
1—进水口;2—厂房;3—溢流坝

2）引水式水电厂：水电厂建筑在山区水流湍急的河道上,或河床坡度较陡的地方,由引水渠道造成水头,而且一般不需修坝或只修低堰,如图1.4所示。

电厂是专主供发电用的。另外,尚有一种特殊形式的水电厂,叫做抽水蓄能电厂,如图1.5所示。

抽水蓄能电厂中,有一种是单纯起蓄水作用的,然而更多的是既可蓄水又可发电。后者是当电力系统处于低负荷时,系统尚有多余电力,此时,机组以电动机-水泵方式工作,将下游水库的水抽至上游水库储存起来,待系统高峰负荷到来时,机组便按水轮机-发电机方式运行,使所蓄的水用于发电,以满足调峰的需要。此外,抽水蓄能电厂还可作调频、调相、系统备用容量

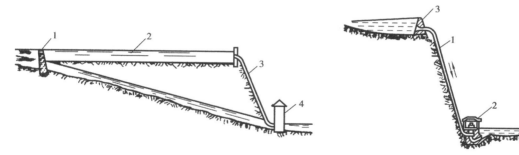

图 1.4　引水式水电厂

1—堰；2—引水渠；3—压力水管；4—厂房

图 1.5　抽水蓄能电厂

1—压力水管；2—厂房；3—坝

和生产季节性电能等多种用途。

抽水蓄能电厂的机组常用形式有 2 种：三机式——同步电机、水轮机和水泵三者联成一套同轴机组；二机式——同步电机和可逆式水轮机（此种水轮机可工作于水轮机状态，亦可工作于水泵状态）组成一套机组。

前述水电厂的布置形式，无论是堤坝式还是引水式，同样都适用于抽水蓄能电厂。

（3）核电厂

核电厂是利用核裂变能转化为热能，再按火电厂的发电方式，将热能转换为电能，它的原子核反应堆相当于锅炉。核反应堆中，除装有核燃料外，还以重水或高压水作为慢化剂和冷却剂，因此，核反应堆又可分为重水堆、压水堆等。图 1.6 为压水堆核电厂发电方式示意图。

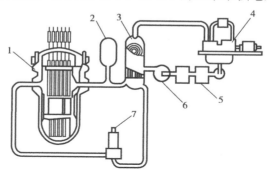

图 1.6　压水堆核电厂发电方式示意图

1—核反应堆；2—稳压器；3—蒸汽发生器；4—汽轮发电机组；

5—给水加热器；6—给水泵；7—主循环泵

核反应堆内铀-235 在中子撞击下，使原子核发生裂变，产生的巨大能量主要是以热能形式被高压水带至蒸汽发生器，在此产生蒸汽，送至汽轮发电机组。

1 kg 铀-235 所发出的电力与 2 700 t 标准煤所发出的电力几乎同样多。

（4）其他发电方式

利用其他一次能源发电的，有风力发电、潮汐发电、地热发电、太阳能发电等。此外，还有直接将热能转换成电能的磁流体发电等。

1.3.2　变电所类型

电力系统由发电厂、变电所、线路和用户组成。变电所是联系发电厂和用户的中间环节，起着变换和分配电能的作用。

图1.7是一个电力系统的原理接线图。在这个电力系统中,接有大容量的水电厂和火电厂,水电厂发出的电力经过500 kV超高压输电线路送至枢纽变电所去。220 kV的电力网构成环形,可提高供电可靠性。

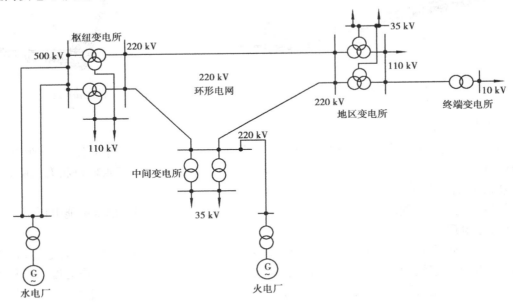

图1.7　电力系统原理接线图

变电所根据它在系统中的地位,可分成下列几类:

(1)枢纽变电所

位于电力系统的枢纽点,连接电力系统高压和中压的几个部分,汇集多个电源,电压为330～500 kV的变电所,称为枢纽变电所。全部停电后,将引起系统解裂,甚至出现瘫痪。

(2)中间变电所

高压侧以交换潮流为主,起系统交换功率的作用,或使长距离输电线路分段,一般汇集2～3个电源,电压为220～330 kV,同时又降压供给当地用电,这样的变电所主要起中间环节的作用,因此称为中间变电所。全所停电后,将引起区域电网解裂。

(3)地区变电所

地区变电所的高压侧电压一般为110～220 kV,以向地区用户供电为主,这是一个地区或城市的主要变电所。全部停电后,仅使该地区中断供电。

(4)终端变电所

在输电线路的终端,接近负荷点处,高压侧电压多为110 kV,经降压后直接向用户供电的变电所,即为终端变电所。全部停电后,只是用户受到损失。

1.4　发电厂、变电所电气设备简述

为满足生产需要,发电厂、变电所中安装有电气设备。通常把生产和分配电能的设备,如

发电机、变压器和断路器等称为一次设备。它们包括：

（1）生产和转换电能的设备

如发电机将机械能转换成电能，电动机将电能转换成机械能，变压器将电压升高或降低，以满足输配电需要。这些都是发电厂中最重要的设备。

（2）接通或断开电路的开关电器

例如：断路器、隔离开关、熔断器、接触器之类，它们用于正常或事故时，将电路闭合或断开。

（3）限制故障电流和防御过电压的电器

例如：限制短路电流的电抗器和防御过电压的避雷器等。

（4）接地装置

无论是电力系统中性点的工作接地或是保护人身安全的保护接地，均同埋入地中的接地装置相连。

（5）载流导体

如裸导体、电缆等，它们按设计的要求，将有关电气设备连接起来。

另外，还有一些设备是对上述一次设备进行测量、控制、监视和保护用的，故称为二次设备。它们包括：

1）仪用互感器如电压互感器和电流互感器，可将电路中的电压或电流降至较低值，供给仪表和保护装置使用。

2）测量表计如电压表、电流表、功率因数表等，用于测量电路中的参量值。

3）继电保护及自动装置，能迅速反应不正常情况并进行监控和调节。例如，可用于断路器跳闸，将故障切除。

4）直流电源设备，包括直流发电机组、蓄电池等，供给保护和事故照明的直流用电。

思 考 题

1. 我国电力工业发展的方针是什么？
2. 发电厂、变电所的类型有哪些？各有什么特点？
3. 哪些设备属于一次设备？其功能是什么？

第**2**章
开关电器

2.1 开关电器的用途和分类

电力系统中,发电机、变压器以及线路等元件,由于改变运行方式或发生故障,需将它们接入或退出时,要求可靠而灵活地进行切换操作。例如:在电路发生故障情况下,须能迅速切断故障电流,把事故限制在局部地区并使未发生故障部分继续运行,以提高供电的可靠性;在检修设备时,隔离带电部分,保证工作人员的安全等。为了完成上述操作,在电力系统中必须装设开关电器。根据开关电器的不同性能,可将其分为以下几类:

①低压刀闸开关、接触器、高压负荷开关等开关电器,用来在正常工作情况下开断或闭合正常工作电流。

②熔断器,用来开断过负荷电流或短路电流。

③高压隔离开关,只用来在检修时隔离电源,不允许用其开断或闭合电流。

④自动分断器,用来在预定的记忆时间内根据选定的计数次数在无电流的瞬间自动分断故障线路。

⑤高压断路器、低压空气开关等开关电器,既用来开断或闭合正常工作电流,也用来开断或闭合过负荷电流或短路电流。

高压断路器根据安装地点,可分为户内式和户外式 2 种。依其采用的灭弧介质及工作原理不同又分为油断路器、六氟化硫(SF_6)断路器、真空断路器、空气断路器、自产气断路器等几种型式。

2.2 开关电器的电弧产生及灭弧

开关电器是通过动、静触头来接通或断开电气设备的。在触头接通或触头分离时,触头间可能出现电弧。电弧是一种气体放电,即气体在某种条件下,其分子分解成正、负离子而产生导电的现象。因此,开关的触头虽然已分开,但触头间只要有电弧存在,电路就没有断开,电流仍然存在。电弧的温度极高,可能烧坏触头及触头附近的其他附件。如果电弧长久不能熄灭,将会引起电器被毁坏甚至爆炸,危及电力系统的安全运行,造成生命财产的极大损失。因此在切断电路时,必须尽快地使电弧熄灭。要使电弧能尽快熄灭,首先应了解电弧的形成过程。

2.2.1　电弧的产生

在断路器触头分离时,由于触头间接触压力不断下降,接触面积不断减小,使接触电阻迅速增大,接触处的温度将急剧升高。另一方面,触头开始分离时,由于触头间的距离很小,即使触头间的电压很低,只有几百伏甚至只有几十伏,但电场强度却很大。如间隙距离为 1×10^{-5} cm 时,电场强度可达 $1.0 \times 10^{6} \sim 1.0 \times 10^{7}$ V/cm。由于上述两个原因,阴极表面就可能向外发射出电子,这种现象称为热电子发射或强电场发射。从阴极表面发射出来的电子,在电场力的作用下向阳极作加速运动,并不断与中性质点碰撞。如果电场足够强,电子所受的力足够大,而两次碰撞的自由行程足够大,电子积累的能量足够多,则发生碰撞时就可能使中性质点发生游离,产生新的自由电子和正离子,如图 2.1 所示。新产生的电子又和原来的电子一起以极高的速度向阳极运行,当它们和其他中性质点碰撞时,又会产生碰撞游离。碰撞游离连续不断地发生,使触头间充满了电子和正离子,介质中带电质点大量增加,使触头间形成很大的电导。在外加电压下,大量电子向阳极运行,形成电流,这就是所说的介质被击穿而产生的电弧。触头间形成电弧后,产生很大的热量,使介质温度急剧升高,在高温作用下中性质点由于高温而产生强烈的热运动。它们之间不断碰撞的结果,又可能发生游离,即热游离,使电弧得以维持和发展。

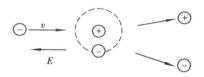

图 2.1　电场碰撞游离

2.2.2　电弧的熄灭

在电弧中,介质因游离而产生大量的带电粒子的同时,还发生带电粒子消失的相反过程,称为去游离。如果带电粒子消失的速度比产生的速度快,电弧电流将减小而使电弧熄灭。带电粒子的消失是因为复合和扩散两种物理现象造成的。

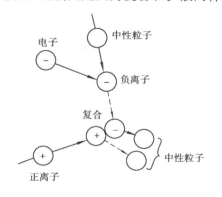

图 2.2　间接的空间复合过程

复合:异性带电质点的电荷彼此中和成为中性质点的现象称为复合。电子与正离子的速度相差太大,所以电子与正离子直接复合的几率小;通常是电子先附在原子上形成负离子,再与正离子复合,如图 2.2 所示。

扩散:弧柱中的带电质点,由于热运动而从弧柱内部逸出,进入周围介质的现象称为扩散。

开关电器的灭弧原理就是在断路器触头分开的同时,利用液体或气体吹弧,或将电弧拉入绝缘冷壁做成的窄缝中,迅速地冷却电弧,减小离子的运动速度。同时,增加气体的压力和气体密度,使离子间的自由行程缩短,复合的几率增加,碰撞游离和热游离的几率减小。另外,还可以使电弧中的高温离子密度大的空间向密度小、温度低的介质周围方向扩散,电弧和周围介质的温度及离子浓度差愈大,扩散作用愈强。扩散出来的离子,因冷却而相互结合成为中性质点。总之,在断路器开断电路时,强迫冷却电弧的内部和表面,增强离子的复合速度,尽快恢复介质的绝缘强度,使电弧很快熄灭。

2.2.3 交流电弧的特性与熄灭

在交流电路中,电流的瞬时值不断地随时间变化,并且从一个半周到下一个半周过程中,电流要过零一次。在电流过零前的几百微秒,由于电流减小,输入弧隙的能量也减小,弧隙温度剧烈下降,弧隙的游离程度下降,介质绝缘能力恢复,弧隙电阻增大。当电流过零时,电源停止向弧隙输入能量,电弧熄灭。此时,由于弧隙不断散出热量,温度继续下降,去游离作用进一步加强,使弧隙介质强度逐渐恢复(介质绝缘能力恢复)。同时,电源加在断口上的恢复电压也在逐渐增加,当弧隙的介质强度的恢复速度大于电源恢复电压的速度时,电弧就会熄灭;反之,电弧就会重燃。

综上所述,在电流过零后,人为地采取有效措施加强弧隙的冷却,使弧隙介质强度恢复到不会被弧隙外施电压击穿的程度,则在过零后的下半周,电弧就不会重燃而最终熄灭。开关电器中的灭弧装置就是基于这一原理而产生的。加强弧隙的去游离使介质强度恢复速度加大,或减小弧隙上的电压恢复速度,都可以使电弧熄灭。为此,现代开关电器中广泛采用的灭弧方法,归纳起来有以下几种:

①利用油或气体吹动电弧。

②断口上加装并联电阻:降低了恢复电压的上升速度,同时分流也有利于熄弧。

③采用多断口灭弧:由于加在每个断口上的电压降低,使弧隙的恢复电压降低,因此灭弧性能更好。

④金属栅片灭弧装置:这种灭弧装置的构造原理如图 2.3 所示。灭弧室内装有很多由钢板冲成的金属灭弧栅片,栅片为磁性材料。当触头间发生电弧后,由于电弧电流产生的磁场与铁磁物质间产生的相互作用力,把电弧吸引到栅片内,将长弧分割成一串短弧,当电流过零时,每个短弧的阴极附近会立即出现 150 ~ 250 V 的介质强度。

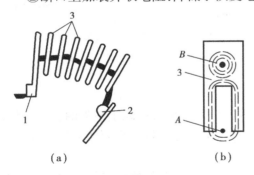

图 2.3 电弧在灭弧栅内熄灭

如果作用于触头间的电压小于各个间隙介质强度的总和时,电弧必将熄灭。

2.3 高压断路器

2.3.1 高压断路器的基本要求和技术参数

高压断路器具有完善的灭弧装置和高速的传动机构,它能接通和断开各种状态下高压电路中的电流,用以完成运行方式的改变和尽快切除故障电路,因此它是发电厂和变电所中最重要的电气设备之一。

（1）对断路器的基本要求

1）在合闸状态时应为良好的导体，不但能通过正常的负荷电流，即使通过短路电流时，也不应因发热和电动力的作用而损坏。

2）在分闸状态时具有良好的绝缘性，在规定的环境条件下，能承受相应的电压，以及一相内断口间的电压。

3）在开断规定的短路电流时，应有足够的开断能力和尽可能短的开断时间，一般在开断临时性故障后，要求能进行自动重合闸。

4）在接通规定的短路电流时，短时间内断路器的触头不能产生熔焊等情况。

5）在制造厂给定的技术条件下，高压断路器要能长期可靠工作，有一定的机械寿命和电气寿命。

此外，高压断路器还应具有结构简单，安装、检修方便，体积小、重量轻等优点。

（2）高压断路器的基本技术参数

技术参数表示高压断路器的基本工作性能。

1）额定电压最高工作电压

额定电压是表征断路器绝缘强度的参数。同时在相当大程度上决定同类断路器体积尺寸，它是断路器长期工作的标准电压。

考虑到输电线路沿线上有电压降，线路首端电压高于末端电压，断路器具有与额定电压相应的最高工作电压。断路器在最高工作电压下，应能长期可靠地工作。低压级的断路器，其最高工作电压较额定电压约高 15%；对 330 kV 及以上的断路器，其最高工作电压较额定电压高 10%。

2）额定电流

表征开关的导电系统长期通过电流的能力，由开关导体及绝缘材料的长期允许发热决定，即断路器允许连续长期通过的最大电流。我国标准规定，断路器的额定电流有下列各级：200，400，630，（1 000），1 250，（1 500），1 600，2 000，3 150，4 000，5 000，8 000，10 000，12 500，16 000，20 000 A。

3）额定开断电流

表征断路器开断能力的参数。在额定电压下，断路器能保证可靠开断的最大短路电流，称为额定开断电流，其单位用断路器触头分离瞬间短路电流周期分量有效值的千安数表示。

断路器的最大开断电流与电压有关，当断路器在低于其额定电压的电网中工作时，开断电流可以适当提高。但开断电流有一最大值，称为极限开断电流。

4）动稳定电流

表征断路器通过短路电流能力的参数，它反映断路器承受短路电流电动力效应的能力。断路器在电网短路时，允许通过的电流最大峰值，称为动稳定电流，又称为极限通过电流。断路器通过动稳定电流时，不能因电动力作用而被破坏。

5）关合电流

关合电流是表征断路器关合电流能力的参数。断路器在接通电路时，电路中可能预伏有短路故障，此时断路器将关合很大的短路电流。一方面由于短路电流的电动力减弱了合闸的操作力，另一方面由于触头尚未接触前发生击穿而产生电弧，可能使触头熔焊，从而对断路器造成损伤。断路器能够可靠关合的电流最大峰值，称为额定关合电流。额定关合电流与动稳定电流在数值上是相等的,一般取额定开断电流的 2.55 倍。

　　6)热稳定电流和热稳定电流的持续时间

　　热稳定电流也是表征断路器通过短时电流能力的参数,但它反映断路器承受短路电流热效应的能力。热稳定电流是指断路器处于合闸状态下,在一定的持续时间内,允许通过电流的最大周期分量有效值,此时断路器不应因电流短时发热而损坏。一般额定热稳定电流的持续时间为 2 s,需要大于 2 s 时,推荐 4 s。

　　7)合闸时间与分闸时间

　　合、分闸时间是表征断路器操作性能的参数。不同类型的断路器的合、分闸时间不同,但要求动作迅速。断路器的合闸时间是指从断路器合闸线圈接通电流到主触头刚接触这段时间。断路器的分闸时间包括固有分闸时间和熄弧时间两部分。固有分闸时间是指断路器分闸线圈接通到触头分离这段时间。熄弧时间是指从触头分离到各相电弧熄灭为止这段时间。因此,分闸时间也称全分闸时间。

　　8)操作循环

　　操作循环也是表示断路器操作性能的参数。在自动重合闸过程中,断路器有可能在短时间里数次开断短路电流和合上"预伏故障",对断路器的操作机构和开断能力都有极大的影响。因此,断路器应能承受一次或二次以上的关合、开断或关合后立即开断的动作能力。此种按一定时间间隔进行多次分、合的操作,称为操作循环。我国规定断路器的额定操作循环如下:

　　自动重合闸操作循环:O—Q—CO—t—CO

　　非自动重合闸操作循环:O—t—CO—t—CO

其中　O——分闸动作;

　　　　Q——无电流间隙时间,取 0.3 s,即断路器开断故障电路,从电弧熄灭起至电路重新自动接通时间;

　　　　CO——合分,表示合闸后立即分闸动作;

　　　　t——为运行人员"强送电"时间,取 180 s。

2.3.2　SF₆断路器

(1)SF₆气体的性质

　　1)物理性质

　　常态下,纯净的 SF₆ 气体为无色、无味、无毒、不燃的惰性气体。SF₆ 气体的密度大,在空气中扩散慢,不能维持生命。容易液化,液化温度与压力有关,压力升高液化温度也增高,如在常压(0.1 MPa)下,液化温度为零下 63.8 ℃;在 1.2 MPa 压力下,0 ℃时液化。为此,在 SF₆ 断路器中,SF₆ 气体都不采用过高的压力,以使其保持气态。单压式 SF₆ 断路器灭弧室气体压力为0.3 ~ 0.6 MPa,断路器还装有加热器,根据温度和压力确定投入时间,防止气体液化。

　　2)SF₆气体的电气性质

　　SF₆ 气体具有很强的负电性[指 SF₆ 气体中的自由电子可以直接被 SF₆ 气体吸附成为负离子($SF_6 + e \rightarrow SF_6^-$)],正、负离子很容易复合成中性质点或原子,这种负电性是一般气体所没有的。因此,SF₆ 气体在电弧电流处于接近零值状态时,具有较强的灭弧能力。

此外,SF_6气体在 0.294 MPa 压力下,其绝缘强度与普通变压器油的绝缘强度相当,其灭弧能力为空气的 100 倍。

SF_6气体优良的绝缘性能与灭弧性能使其应用于断路器并得到发展,目前 SF_6 气体已被广泛用于高压电器设备中作为绝缘介质和灭弧介质。

3）化学性质

一般来说,SF_6 的化学性质非常稳定,在电气设备的允许运行温度范围内,SF_6 气体对电气设备中常用的铜、钢、铝等金属材料不起化学作用。

在电弧高温作用下,很少量的 SF_6 气体会分解为 SOF_2、SO_2F_2、SF_4 和 SOF_4 等,但在电弧过零值后,很快又再结合为 SF_6。因此,长期密封使用 SF_6 气体做灭弧介质的断路器,虽经多次开断灭弧,SF_6 气体也不会减少或变质。电弧的分解物的多少与 SF_6 气体中所含水分有关,试验证明,SOF_2、SOF_4、SO_2F_2 具有一定的毒性,对人的呼吸器官有刺激及嗅味。

因此,断路器中常用活性氧化物或活性炭、合成沸石等吸附剂,以清除水分和电弧分解产物。

（2）SF_6 断路器的结构特点

SF_6 断路器按总体结构,可分为落地罐式和支柱瓷套式 2 种。

1）落地罐式

落地罐式 SF_6 断路器的结构如图 2.4 所示。在充有 SF_6 气体的金属罐内水平放置有灭弧室,引出线通过绝缘套管引出,在套管下部装有电流互感器。落地罐式断路器重心低,抗震性能好,特别容易与隔离开关、接地开关和电流互感器等组合成封闭式组合电器。缺点是罐体耗用材料较多,用气量大,系列化较差,因此价格较高。

2）支柱瓷套式

支柱瓷套式 SF_6 断路器的外形结构如图 2.5 所示。该型断路器为三相分装结构,每相一个断口,断路器整体呈"Ⅰ"形布置,图 2.6 为灭弧室的结构。断路器每相配置一台液压操作机

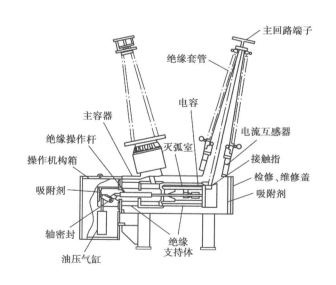

图 2.4　落地罐式 SF_6 断路器

构和一台控制柜,可进行单相操动或三相联动。断路器本体置于液压机构箱上方,灭弧室和绝缘瓷柱内腔相通,当环境温度为 20 ℃时,灭弧室 SF_6 气体压力为 0.6 MPa。在控制柜中,装有密度继电器和压力表进行控制和监视。

瓷柱式 SF_6 断路器结构简单,运动部件少,系列性好,且瓷柱式断路器中 SF_6 气体的容积比罐式断路器小得多,用气量少,从而降低了费用。虽然由于它的重心高,抗震能力较差,使用场所受到一定限制,但瓷柱式断路器还是得到普遍使用。

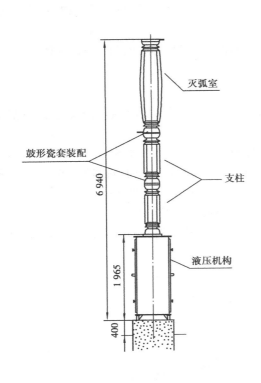

图 2.5　一相外形图

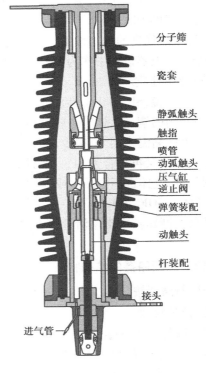

图 2.6　灭弧室结构图

（3）压气式 SF_6 断路器开断过程

断路器的灭弧室为单压力压气式结构,即断路器内充有 $0.3 \sim 0.6$ MPa 的 SF_6 气体,它是依靠压气作用实现气吹来灭弧的。图 2.7 为其开断过程示意图。

1）合闸时电流通路

当接线方式为高进低出时,电流由上端子进入,经触头支座、触座、触指、动触头、滑动触指、触座、缸体及下接线端子引出。当接线方式为低进高出时,电流方向与此相反。

2）分闸

分闸时,操作拉杆带动动触头系统(包括喷嘴、动触头、可动气缸)迅速向下移动,首先静主触指和动主触头脱离接触,然后动静弧触头分离。在动触头系统向下运动过程中,逆止阀关闭,压气缸内腔的 SF_6 气体被压缩,气压增大,动静弧触头分离后,SF_6 气体经喷嘴向电弧区喷吹,使电弧冷却和去游离而熄灭,并使断口间的介质强度迅速恢复,以达到开断额定电流及各种故障电流的目的。LW10B-252 型断路器的动触头总行程为 200 mm ± 1 mm,主触头开距为 158 mm ± 4 mm,弧触头超行程为 47 mm ± 4 mm。

3）合闸

图 2.7(d)所示位置为分闸位置,当断路器合闸时,操作拉杆带动动触头系统向上移动,运动到一定位置时,静弧触头首先插入动弧触头中,即弧触头首先合闸,紧接着动触头的前端即主触头插入主触指中,直到完成合闸动作。由于静止的活塞上装有逆止阀,在压气缸快速向上移动的同时阀片打开,使灭弧室内 SF_6 气体迅速进入汽缸内,合闸时的压力差非常小。

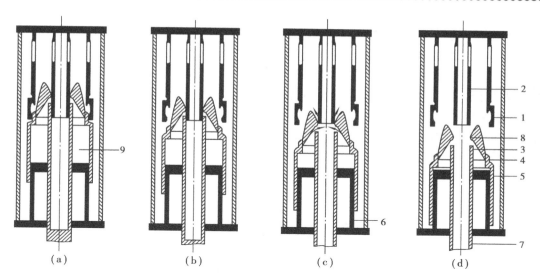

图 2.7 压气式 SF$_6$ 断路器开断过程示意图

（a）合闸位置 （b）触头分离 （c）气吹电弧 （d）分闸位置

1—静主触头；2—静弧触头；3—动弧触头；4—动主触头；5—压气缸；

6—活塞；7—操作拉杆；8—喷嘴；9—压气室

（4）自能吹弧式 SF$_6$ 断路器的开断过程

自能吹弧式 SF$_6$ 断路器是在压气式基础上发展起来的，又称第三代 SF$_6$ 断路器。它利用电弧能量建立灭弧所需的压力差，因此固定活塞的截面积比压气式小得多。它的出现不仅使断路器的结构简化而且相应的操动机构的操作功也可减小，有的甚至只有压气式断路器的 20%，使较高等级的断路器，如 220 kV 的断路器，可用弹簧操动机构。

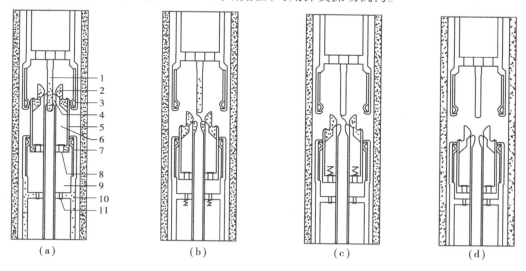

图 2.8 自能吹弧式 SF$_6$ 断路器的开断示意图

（a）合闸位置 （b）开断大电流 （c）开断小电流 （d）分闸位置

1—弧静触头；2—绝缘喷口；3—主静触头；4—弧动触头；5—主动触头；

6—贮气室；7—滑动触头；8,11—阀门；9—辅助贮气室；10—固定活塞

自能吹弧式 SF_6 断路器的开断过程如图 2.8 所示。在开断大电流时如图 2.8(b)所示，主触头分开后，弧动、静触头随后分开产生电弧。电弧能量加热贮气室中的气体使压力升高，建立灭弧所需的压力。贮气室中的高压力气体经绝缘喷口吹向电弧，使电弧在电流过零时熄灭。随后阀门打开，排出多余气体。在开断小电流(如电抗器和空载线路)时，由于电弧能量小，依靠电弧能量难以建立灭弧所需的压力，因而必须设法提供附加的吹气作用。附加气吹作用是由贮气室向下运动产生的。在图 2.8 中，依靠固定活塞的压气作用使辅助气室中的压力升高，打开阀门，让气体通过贮气室经绝缘喷口吹向电弧，如图 2.8(c)所示。

（5） SF_6 断路器主要技术参数

表 2.1 是两种 SF_6 断路器主要技术参数。

表 2.1　SF_6 断路器主要技术参数

型　　号	LW10B-252	LW6-126
额定工作电压	220 kV	110 kV
最高工作电压	252 kV	126 kV
额定电流	3 150 A	3 150 A
开断电流	50 kA	40 kA
额定峰值耐受电流	125 A	125 A
分闸时间	≤32 ms	≤30 ms
全开断时间	≤60 ms	≤50 ms
合闸时间	≤100 ms	≤90 ms
操作机构	内装液压式	
额定操作顺序	O—0.3 s—CO—3 min—CO	

（6）影响 SF_6 断路器安全运行的因素

对运行中的 SF_6 断路器，应定期测量 SF_6 气体的含水量。当温度低于 0 ℃时，SF_6 气体的沿面放电电压几乎与干燥状态相同，这说明水分在绝缘子表面结霜不影响其沿面放电特性。当温度超过 0 ℃时，霜转化为水，其沿面放电电压下降，下降程度与 SF_6 气体中水分含量多少有关。当温度上升超过露点之后，因凝结水开始蒸发，SF_6 气体中的沿面放电电压又升高，严格控制 SF_6 断路器内部的水分含量对运行安全至关重要，水分与酸性杂质在一起，还会使金属材料腐蚀，导致机械操作失灵。

运行中，为保证 SF_6 断路器的安全运行，要求采用专用仪器定期监测断路器 SF_6 气体泄漏情况，年漏气体应小于 1% 。

为保证 SF_6 断路器可靠工作，还应装设绝缘气体的经常性监测装置。这种经常性装置，在规定的温度之下，当 SF_6 气体压力或密度的变化值超过允许变化范围时，自动发出报警信号，并装有闭锁装置，使断路器不能操作。

（7）SF_6 断路器的优点

1）使用安全可靠，无火灾和爆炸的危险，不必担心材料的氧化和腐蚀。

2）减小了电器的体积和质量,便于在工厂中装配,运输方便。

3）设备的操作、维护和检修都很方便,全封闭电器只须监视 SF_6 气压,电气触头检修周期长,载流部分不受大气的影响,可减少维护工作量。

4）无噪音和无线电干扰。

5）冷却特性好。

6）有利于电器设备的紧凑布置。

总之,由于 SF_6 气体的电气性能好,SF_6 断路器的断口电压较高,在电压等级相同,开断电流和其他性能接近的情况下,SF_6 断路器串联断口数较少。如 220 V 空气和少油断路器断口为 2 ~ 4 个,SF_6 断路器只有一个断口,开断能力超过 40 kA。

2.3.3　真空断路器

真空断路器是以真空作为灭弧和绝缘介质。目前我国 10 ~ 35 kV 中压配电系统中真空断路器已得到广泛应用。

（1）真空中的电弧

所谓的真空是相对而言的,指的是绝对压力低于 1 个大气压的气体稀薄的空间。由于真空中几乎没有什么气体分子可供游离导电,且弧隙中少量导电粒子很容易向周围真空扩散,所以真空的绝缘强度比变压器油及在大气压下的 SF_6 或空气等绝缘强度高得多。图 2.9 所示为不同介质的绝缘间隙击穿电压。

在真空中,由于气体的分子数量非常少,发生碰撞的机会很小,因此碰撞游离不是真空间隙被击穿而产生电弧的主要因素。真空中的电弧是在触头分离时,触头电极蒸发出来的金属蒸汽中形成的。当触头分离时,电极表面即使有微小的突起部分,也将会引起电场能量集中而发射电子,在极小的面积上,电流密度可达 $1.0 \times 10^5 \sim 1.0 \times 10^6$ A/mm²,使金属发热、熔融,蒸发出来的金属蒸气发生电离而形成电弧。因此,真空中金属蒸气电弧的特性,主要决定于触头材料的性质及其表面情况。

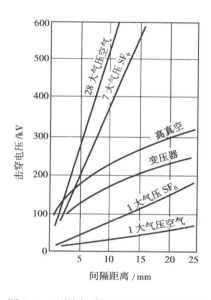

图 2.9　不同介质的绝缘间隙击穿电压

电弧中的离子和粒子,与周围高真空比较起来,形成局部的高压力和高密度,因而电弧中的离子和粒子迅速向周围扩散。当电弧电流到达零值时,由于电流减少,从而向电弧供给的能量减少,电极的温度随之降低。当触头间的粒子因扩散而消失的数量超过产生的数量时,电弧即不能维持而熄灭,燃弧时间一般在 0.01 s 左右。

真空断路器弧隙绝缘恢复极快,它取决于粒子的扩散速度,但是它受到开断电流、磁场、触头面积及触头材料等的影响极大。

（2）真空灭弧室和断路器的结构

真空灭弧室是真空断路器的核心部分,外壳大多采用玻璃和陶瓷 2 种,如图 2.10 所示,在被密封抽成真空的玻璃或陶瓷容器内,装有静触头、动触头、电弧屏蔽罩、波纹管,构成了真空灭弧室。动、静触头连接导电杆,与大气连接,在不破坏真空的情况下,完成触头部分的开、合动作。由于真空灭弧室的技术要求较高,一般由专业生产厂家生产。

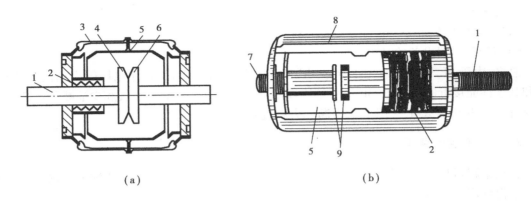

图 2.10 真空灭弧室的结构

(a)玻璃外壳 (b)陶瓷外壳

1—动触杆;2—波纹管;3—外壳;4—动触头;5—屏蔽罩;6—静触头;

7—静触杆;8—陶瓷壳;9—平面触头

真空灭弧室的外壳作灭弧室的固定件并兼起绝缘作用。动触杆和动触头的密封靠金属波纹管实现,波纹管一般由不锈钢制成。在触头外面四周装有金属屏蔽罩,可以防止因燃弧产生的金属蒸气附着在绝缘外壳的内壁而使绝缘强度降低。同时,它又是金属蒸气的有效凝聚面,能够提高开断性能。屏蔽罩使用的材料有镍、铜、铁、不锈钢等。

真空灭弧室的真空处理是通过专门的抽气方式进行的,真空度一般达到 $1.33 \times 10^{-3} \sim 1.33 \times 10^{-7}\text{Pa}$。

真空开关电器的应用主要决定于真空灭弧室的技术性能,目前世界上在中压等级的设备中,随着真空灭弧室技术的不断完善和改进,电极的形状、触头的材料、支撑的方式都有了很大的提高,真空开关在使用中占有相当大的优势。从整体形式看,陶瓷式真空灭弧室应用较多,尤其是开断电流在 20 kA 及以上的真空开关电器,具有更多的优势。

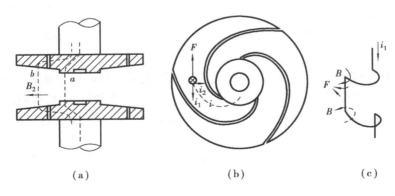

图 2.11 螺旋式叶片触头

(a)纵向剖面图 (b)动触头顶视图 (c)电流线与磁场

真空断路器触头的开距较小,当电压为 10 kV 时,只有 12 mm ± 1 mm。触头材料大体有 2 类:一类是铜基合金,如铜铋合金、铜碲硒合金等;另一类是粉末烧结的铜铬合金。触头结构形式目前多是螺旋式叶片触头和枕状触头,二者均属磁吹触头,即利用电弧电流本身产生的磁场驱使电弧运动,以熄灭电弧。螺旋式叶片触头,如图 2.11 所示,弧头中部是一圆环状的接触面,接触面周围是由螺旋叶片构成的吹弧面,触头闭合时,只有接触面接触。

目前这种螺旋式叶片触头的开断能力已达 60 kA 以上。这种触头的缺点是当进一步增加开断电流时,触头直径和真空灭弧室直径将很大,造价很高。

图 2.12 为 ZN28-10 型真空断路器的外形图。ZN28 系列真空断路器,系三相交流 50 Hz 额定电压 12 kV 及以下的户内高压配电装置,可配用于 GG-1A(F)、XGN2、JYN2、KYN1 型开关柜。适用于发电厂、变电厂等输配电系统的控制与保护,尤其适用于频繁操作的场所。

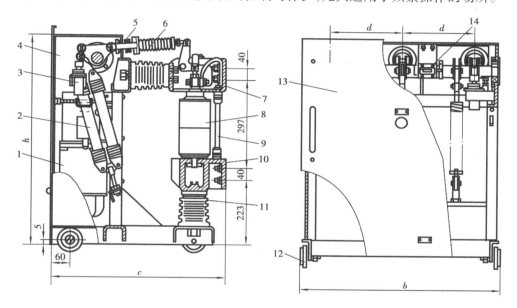

图 2.12　ZN28-10 型断路器结构图

1—操动机构;2—分闸弹簧;3—油缓冲器;4—框架;5—触头弹簧;6—操作绝缘子;
7—上支架;8—真空灭弧室;9—绝缘杆;10—下支架;11—绝缘子;12—轮;13—面板;14—计数器

该系列产品可分为:分装式、固定式、手车式 3 种结构。操动机构选用电磁操动机构或弹簧操动机构。

图 2.13 为 ZN12-12 型真空断路器外形图。该系列真空断路器为额定电压 12 kV,三相交流 50 Hz 的户内高压开关设备,是引进德国西门子公司 3 A 技术制造的产品。

该断路器的操动机构为弹簧储能式,可以用交流或直流操作,亦可用手动操作。该断路器结构简单,开断能力强,寿命长,操作功能齐全,无爆炸危险,维修简便,适用于作发电厂、变电所等输配电系统的控制或保护开关,尤其适用于开关重要负荷及频繁操作的场所。

(3)真空断路器的特点

真空断路器具有体积小、无噪声、无污染、寿命长、可以频繁操作、不需要经常检修等优点,因此特别适合配电系统使用。此外,真空断路器灭弧介质或绝缘介质不用油,没有火灾和爆炸的危险。触头部分为完全密封结构,不会因潮气、灰尘、有害气体等影响而降低其性能,工作可

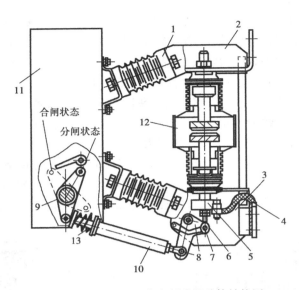

图 2.13　ZN12-12 型真空断路器总体结构图

1—绝缘子；2—上出线端；3—下出线端；4—软连接；5—导电夹；6—万向杆端轴承；7—轴销；
8—杠杆；9—主轴；10—绝缘拉杆；11—机构箱；12—真空灭弧室；13—触头弹簧

靠,通断性能稳定。灭弧室作为独立的元件,安装调试简单方便。由于它开断能力强、开断时间短,还可以用作其他特殊用途的断路器。

2.3.4　操动机构

断路器在工作过程中的合、分闸动作是由操动系统来完成的。操动系统由相互联系的操动机构和传动机构组成,后者常归入断路器的组成部分。操动机构的工作性能和质量对断路器的工作性能和可靠性影响很大。

根据正常操动合闸所直接利用的动能形式的不同,操动机构分为电磁型、弹簧型、液压型、电动型、气动型等多种类型,它们均为自动操动机构。其中,电磁型和电动型需直接依靠合闸电源提供操动功率,液压型、弹簧型、气动型则只需间接利用电能,并经转换设备和储能装置用非电能形式操动合闸,故短时失去电源后可由储能装置提供操动功率,因而减少了对电源的依赖程度。

断路器操动机构的类型和产品形式多种多样,但其基本要求是一致的,主要有以下几个方面:

(1) 具有足够的操作功

在操动合闸时,操动机构要输出足够的操作功,除保证断路器获得一定的合闸速度外,还要克服分闸弹簧的反力并储能于分闸弹簧中,以实现快速的分闸。若操作功不够,在断路器关合到短路电路时,有可能出现触头合不到底等情况,对断路器极为不利。

(2) 有维持合闸装置

上述巨大的操作功不能在合闸后仍长期提供。为保证当操作功消失后,在分闸弹簧的强劲作用下断路器仍能维持合闸状态,操动机构中必须有维持合闸的装置,且该装置不应消耗功率,实现"无功维持"。

（3）有可靠的分闸装置和足够的分闸速度

操动机构的分闸装置，其实就是解除合闸维持、释放分闸弹簧储能的装置。它既能远距离自动和手动操作，还能就地进行手动脱扣。为了设备和系统的安全，分闸装置务必工作可靠、灵敏快速，在任何情况下不允许误动或拒动。断路器分闸后，操动机构应自动回复到准备合闸位置。

（4）具有自由脱扣装置

在断路器进行合闸的过程中又接到分闸命令时，操动机构应立即终止合闸过程，迅速进行分闸。这种在合闸过程中的分闸叫做自由脱扣。可见自由脱扣装置是分闸装置的补充，二者常结合在一起。无论对自动或手动操动机构，该装置都是不可缺少的。

（5）结构简单、体积小、价格低廉

对应上述基本要求，不论何种形式的操动机构均需由下列基本部分组成：作功（合闸）元件、合闸维持装置、分闸与自由脱扣装置、缓冲元件及部分操作电路等。目前断路器常用的操动机构是弹簧操动机构和液压操动机构。

弹簧操动机构利用已储能的弹簧为动力使断路器动作。弹簧储能通常由电动机通过减速装置来完成。对于某些操作功不大的弹簧操动机构，为了简化结构、降低成本，也可用手力来储能。弹簧操动机构的优点是不需要大功率的直流电源；电动机功率小（几百瓦至几千瓦）；交直流两用；机械寿命可达数万次。缺点是结构比较复杂；零件数量多；加工要求高；随着机构操作功的增大，重量显著增加。弹簧操动机构一般只用于操作 126 kV 及以下的断路器，弹簧储能为几百焦至几千焦。

液压操动机构的工作压力高，一般在 20 ~ 30 MPa。因此，在不大的结构尺寸下就可以获得几吨或几十吨的操作力，而且控制比较方便。特别适用于 126 kV 以上的高压和超高压断路器。

2.4　隔离开关

隔离开关是一种没有灭弧装置的开关设备。它一般只用来关合和开断有电压无负荷的线路，而不能用以开断负荷电流和短路电流，需要与断路器配合使用，由断路器来完成带负荷线路的关合、开断任务。

2.4.1　隔离开关的用途与要求

（1）隔离开关用途

一般供高压线路在有电压无负荷情况下进行分断与关合电路，对被检修的高压母线、断路器等电气设备与带电高压线路进行电气隔离的单相或三相户外高压电器。在合闸位置，可以长期通过额定电流和短时短路电流。在分闸位置，提供符合要求的绝缘距离。也可用于接通或分断很小的电容电流和电感电流。

作为电力系统中使用得最多的一种电器，隔离开关的主要用途有：

1）将停役的电气设备与带电电网隔离，以形成安全的电气设备检修断口，建立可靠的绝缘回路；

2）根据运行需要换接线路以及开断和关合一定长度线路的交流电流和一定容量的空载变压器的励磁电流。

（2）对隔离开关的特殊要求

为了确保检修工作的安全以及倒合闸操作的简单易行,隔离开关在结构上应满足以下要求:

1）隔离开关在分闸状态时应有明显可见的断口,使运行人员能明确区分电器是否与电网断开,但在全封闭式配电装置中除外;

2）隔离开关断点之间应有足够的绝缘距离;

3）具有足够的短路稳定性,包括动稳定和热稳定;

4）隔离开关应结构简单,动作可靠;

5）带有接地闸刀的隔离开关应有保证操作顺序的闭锁装置,以使安全检修和检修完成后恢复正常运行。

2.4.2　隔离开关的典型结构

（1）隔离开关的分类

按安装地点,隔离开关可划分为户内、户外 2 种。户内隔离开关的型号常用 GN 表示,一般用于 35 kV 电压等级及以下的配电装置中。户外隔离开关则可用 GW 代号表示,对这类隔离开关考虑到它的触头直接暴露于大气中,因此要能适应各种恶劣的气候条件。

按绝缘支柱的数目,隔离开关可分为单柱式、双柱式和三柱式 3 种;按刀闸的运行方式不同,隔离开关可分为水平旋转式、垂直旋转式、摆动式和插入式 4 种;按有无接地闸刀,它又可分为带接地刀闸和不带接地刀闸 2 种。

（2）隔离开关的典型结构

隔离开关的结构形式很多,这里仅介绍其中有代表性的典型结构。

1）户内隔离开关

户内隔离开关有三极式和单极式 2 种,一般为刀闸隔离开关。图 2.14 为 GNl9-10 系列隔离开关,其每相导电部分通过两个支柱绝缘子固定在底架上,三相平行安装。每相闸刀中间均有拉杆瓷瓶,拉杆瓷瓶与安装在底架上的主轴相连。主轴通过拐臂与连杆和操动机构相连接,以操动隔离开关。主轴两端伸出底座,任何一端均可与操动机构相连。

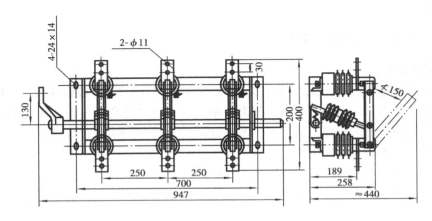

图 2.14　GN19-10/400、600 型隔离开关

导电部分主要由闸刀与静触头组成。静触头装在两端的支柱绝缘子上,每相闸刀由两片槽形铜片组成。它不仅增大了闸刀的散热面积,对降低温升有利,而且提高了闸刀的机械强度,使开关的动稳定性提高。闸刀的一端通过轴销(螺栓)安装在静触头上,转动闸刀另一端与静触头为可分连接,而闸刀接触压力靠两端的接触弹簧来维持。

容量较大的隔离开关在接触处安装有磁锁压板。当很大的短路电流通过时,加强了两槽形触刀之间的吸引力,增加接触压力,因而提高了开关的动、热稳定性。

2)户外隔离开关

户外隔离开关有单柱式、双柱式和三柱式 3 种。由于其工作条件比户内隔离开关差,受到外界气象变化的影响,因而其绝缘强度和机械强度要求较高。

图 2.15 为 Ⅱ 形双柱户外隔离开关外形图,型号为 GW4 系列。它的主闸刀固定在绝缘瓷柱顶部的活动出线座上,触头为矩形,外装防护罩,以防雨、冰和雪、灰尘等。图中闸刀位于合闸位置。分合闸操作时,操动机构的交叉连杆带动两个支柱绝缘子向相反方向转动 90°,从而完成操作。这种开关不占上部空间,可采用手动操作或电动操作。

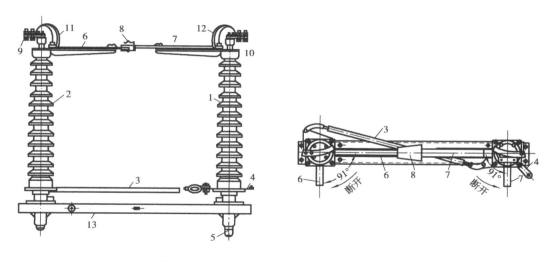

图 2.15 GW4-110/1000 型双柱式隔离开关

1,2—支柱绝缘子;3—连杆;4—操动机构的牵引杆;5—支柱绝缘子的轴;

6,7—刀闸;8—触头;9,10—接线端子;11,12—挠性导体;13—底座

图 2.16 为国产新型 GW5-110D 型 V 形双柱隔离开关外形,其底座较小,目前在发电厂、变电所中应用较为广泛。开关刀闸分成两半,可动触头成楔形连接。操作时,两个棒式绝缘子以相同速度反向转动 90°,使隔离开关开断或接通,有手动、电动两种操动机构。同时为保证检修工作的安全而设置了接地刀闸。

图 2.17 为单柱隔离开关的原理图。这类开关的静触头被独立地安装在架空母线上。刀闸安装在瓷柱顶部由操动机构通过传动机构带动,像剪刀一样向上运动,使用该类隔离开关可以显著减少变电所占地,但因结构较复杂,一般只用于 220 kV 及以上的超高电压等级中。

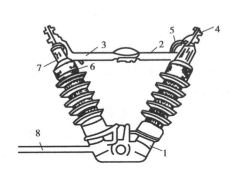

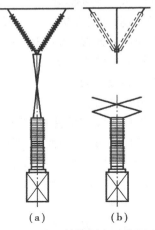

图 2.16 GW5-110D 型隔离开关单极外形图
1—底座;2,3—闸刀;4—接线端子;5—挠性接线导体;
6—棒式绝缘子;7—支承座;8—接地刀闸

图 2.17 单柱隔离开关原理图
（a）合闸状态 （b）开闸状态

2.5 高压熔断器

熔断器是最早被采用的,也是最简单的一种保护电器,它串联在电路中使用。当电路中通过过负荷电流或短路电流时,利用熔体产生的热量使它自身熔断,切断电路,以达到保护的目的。

2.5.1 熔体的材料和特性

熔断器主要由金属熔体、连接熔体的触头装置和外壳组成。金属熔体是熔断器的主要元件,熔体的材料一般有铜（1 080 ℃）、银（960 ℃）、锌（420 ℃）、铅（327 ℃）和铅锡合金（200 ℃）等。熔体在正常工作时,仅通过不大于熔体额定电流值的负载电流,其正常发热温度不会使熔体熔断。当过载电流或短路电流通过熔体时,熔体因电阻发热而熔化断开。

铅锡合金及锌熔体的熔化温度较低,导电率小,因此,熔体的截面积较大,灭弧能力低,主要用于 1 000 V 以下的低压熔断器中,但锌熔体不易氧化,保护特性较稳定。

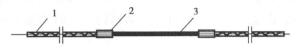

图 2.18 6～35 kV 不带钮扣的熔体
1—绞线;2—套圈;3—熔丝

高压熔断器要求有较大的分断电流能力。由于铜和银的电阻率小,热传导率较大,因此,铜或银熔体的截面积较小,熔断时产生的金属蒸气也少,易于灭弧。6～35 kV 的高压熔体由熔丝、铜套圈和铜绞线等 3 部分组成。熔丝由特种合金材料制成,具有良好的熔化稳定性。熔体的尾线采用经过镀锡处理的多股紫铜绞线,不仅接线方便,而且性能可靠。铜套圈采用紫铜管材,起连接绞线和熔丝的作用。按熔断器熔体管的类型而选用带钮扣或不带钮扣的熔体。图 2.18 为 6～

35 kV 不带钮扣的熔体的外形图。

2.5.2 熔断器的工作性能

熔断器的工作性能,可用下面的参数和特性表征。

(1)熔断器的额定参数

1)额定电压。熔断器长期能够承受的正常工作电压。

2)额定电流。熔断器壳体部分和载流部分允许通过的长期最大工作电流。

3)熔体的额定电流。熔体允许长期通过而不熔化的最大电流。熔体的额定电流可以和熔断器的额定电流不同。同一熔断器可装入不同额定电流的熔体;但熔体的最大额定电流不应超过熔断器的额定电流。

4)极限分断能力。低压熔断器多用熔断器所能断开的最大电流表示。若熔断器断开的电流大于极限分断电流值,熔断器将被烧坏,或引起相间短路。高压熔断器则用额定开断电流表示。熔断器的额定开断电流主要取决于熔断器的灭弧装置。

(2)电流-时间特性

熔断器的电流-时间特性又称熔体的安-秒特性,用来表明熔体的熔化时间与流过熔体的电流之间的关系,如图 2.19 所示。由图可见,通过熔体的电流愈大,熔化时间愈短。电流减小至最小熔化电流(I_{min})时熔化时间为无限长。每一种规格的熔体都有一条安-秒特性曲线,由制造厂给出。安-秒特性是熔断器的重要特性,在采用选择性保护时,必须考虑安-秒特性。

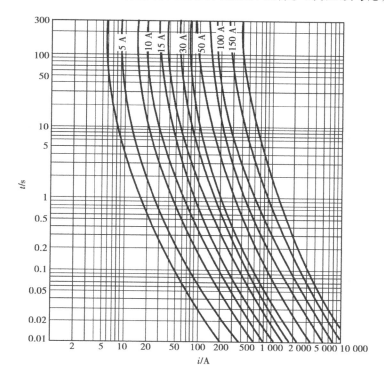

图 2.19　6～35 kV 熔断器的安-秒特性

（3）短路保护的选择性

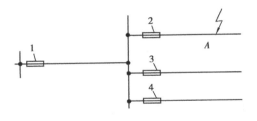

图 2.20 配电线路中熔断器的配置

熔断器主要用在配电线路中,作为线路或电气设备的短路保护。由于熔体安-秒特性分散性较大,因此在串联使用的熔断器中必须保证一定的熔化时间差。如图 2.20 所示,主回路用 20 A 熔体,分支回路用 5 A 熔体。当 A 点发生短路时,其短路电流为 200 A,此时熔体 1 的熔化时间为 0.35 s,熔体 2 的熔化时间为 0.025 s,显然熔体 2 先断,保证了有选择性地切除故障。

如果熔体 1 的额定电流为 30 A,熔体 2 的额定电流为 20 A,若 A 点短路电流为 800 A,则熔体 1 的熔化时间为 0.04 s,熔体 2 的熔化时间为 0.026 s,两者相差 0.014 s,若再考虑安-秒特性的分散性以及燃弧时间的影响,在 A 点出现故障时,有可能出现熔体 1 与熔体 2 同时熔断,这一情况通常称为保护选择性不好。因此,当熔断器串联使用时,熔体的额定电流等级不能相差太近。一般情况下,如果熔体为同一材料时,上一级熔体的额定电流应为下一级熔体额定电流的 2~4 倍。

2.5.3 高压熔断器的典型结构和工作原理

熔断器的种类很多,按电压的高低可分为高压和低压熔断器,按装设地点又可分为户内式和户外式,按结构的不同可分为螺旋式、插片式和管式,按是否有限流作用又可分为限流式和无限流式熔断器等等。目前在电力系统中使用最为广泛的高压熔断器是跌落式熔断器和限流式熔断器。

（1）跌落式熔断器

图 2.21 为常见跌落式熔断器结构图。由图可见,熔断器由绝缘支座、开口熔断管 2 部分组成,熔断管由钢纸管、虫胶桑皮纸等产气材料制成。它是利用固体产气材料灭弧的。当熔丝熔断,熔管内产生电弧后,熔管的内壁在电弧的作用下将产生大量气体使管内压力增高。气体在高压力作用下高速向外喷出,产生强烈去游离作用使电弧在过零时熄灭,它和所有自能式灭弧装置一样存在着开断小电流能力较弱的缺陷,往往采用分段排气方式加以解决,即把熔管的上端用一个金属膜封闭,在开断小电流时由下端单向排气以保持足够的吹弧压力;在开断大电流时用熔断管内较高压力将上端薄膜冲破形成两端排气,以避免熔断管因压力过高而爆裂。

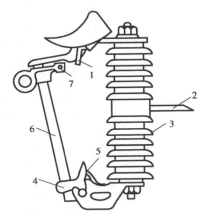

图 2.21 跌落式熔断器（10 kV 户外）
1—上静触头;2—安装固定板;3—瓷瓶;
4—下动触头;5—下静触头;6—熔管;
7—上动触头

（2）限流式熔断器

限流式熔断器的熔体可用镀银的细铜丝制成,铜丝上焊有锡球以降低铜的熔化温度。熔丝长度由熔断器的额定电压及灭弧要求决定,额定电压越高则熔丝越长。为缩短熔丝长度,可将其绕成螺旋形。为避免过细熔丝的损伤,可把熔丝绕在瓷芯上,整个熔件放在充满石英砂的瓷管中。图 2.22 所示为限流熔断器的外形图。

当流经熔丝的短路电流很大时,熔丝的温度可在电流上升到最大值前达到其熔点,此时被石英砂包围的熔丝立即在全长范围内熔化、蒸发,在狭小的空间中形成很高的压力,迫使金属蒸气向四周喷溅并深入到石英砂中,使短路电流在达到最大值前被截断,从而引起了过电压。这一过电压作用在熔体熔断后形成的间隙上,使间隙立即击穿形成电弧,电弧燃烧被限制在很小区域中进行,直径很小,再加上石英砂对电弧所起的冷却、去游离作用,使电弧电阻大大增加,限制了短路电流的上升,使短路电流未达到最大值时即被切断,体现出限流熔断器的限流作用。

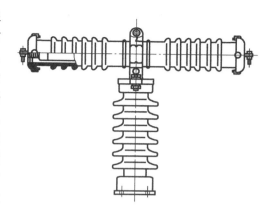

图 2.22　RW10-35 型高压限流熔断器

这类熔断器适用于户内装置,全部过程均在密闭管子中进行,熄灭时无巨大气流冲出管外,运行人员可通过设置在熔管内的动作指示器来判别熔断器的动作情况。

限流熔断器至少有 2 个优点:一是线路中实际流过的短路电流值小于预期短路电流,这样对线路及电气设备的动稳定性和热稳定性的要求均可降低;二是开断过程中电弧能量小,电弧容易熄灭。同时由于过电压现象的出现,这类熔断器只用于与自身额定电压相等的电网中。

思 考 题

1. 何谓碰撞游离、热游离、去游离? 它们在电弧的形成和熄灭过程中起何作用?

2. 电气设备中的电弧有什么危害?

3. 交流电弧的特性是什么?

4. 现代开关电器中广泛采用的灭弧方法有哪几种?

5. 断路器的作用是什么? 分为几种类型?

6. 断路器有哪些额定参数? 它们的意义是什么?

7. 断路器的基本结构可分为哪几部分?

8. 简述 SF_6 断路器和真空断路器的灭弧原理。简述自能灭弧式 SF_6 断路器与第二代 SF_6 断路器相比的优点。

9. 简述影响 SF_6 断路器安全运行的因素。

10. 简述真空断路器的特点。

11. 对断路器操动机构的要求是什么?

12. 隔离开关的作用是什么? 为什么隔离开关不能接通和断开有负荷电流的电路?

13. 隔离开关可分为几种? 它们的基本结构如何?

14. 户外隔离开关有哪几种类型? 它们都有什么优缺点?

15. 接地刀闸的作用是什么？它与主闸刀应如何闭锁？

16. 熔断器的主要作用是什么？

17. 配电线路中熔断器应整样配置？

18. 什么叫做熔断器的限流作用？

第 **3** 章

互 感 器

3.1 电压互感器

3.1.1 电磁式电压互感器

(1)电压互感器的工作原理

电磁式电压互感器的工作原理和结构与电力变压器相似,只是容量较小,通常只有几十伏安或几百伏安。

电压互感器的一次侧绕组并联于电网,二次侧绕组向并联的测量仪表和继电器的电压线圈供电。由于这些电压线圈的阻抗大,取用电流小,因此电压互感器工作在接近空载状态,而且二次侧负荷恒定不变,因此,电压互感器的二次侧负荷不致影响一次电压,同时二次电压接近于二次电势,并随一次电压的变动而变动。因此,电压互感器二次电压的大小,可以反映一次侧电网电压的大小。

电压互感器的一次侧绕组和二次侧绕组的额定电压比,称为电压互感器的额定变压比,用 K_u 表示,并近似等于匝数之比,即:

$$K_u = \frac{U_{1e}}{U_{2e}} \approx \frac{N_1}{N_2} = K \tag{3.1}$$

(2)电压互感器的误差

根据电压互感器的工作原理,其向量图如图 3.1 所示。由于电压互感器存在激磁电流和内阻抗,其二次电压的折算值 U'_2 与一次电压 U_1 大小不等,相位差不等于180°,即电压互感器测量结果出现误差,测量误差通常分为电压误差和角误差。

电压误差(又称比值差)为二次电压的测量值 U_2 乘以额定变比 K_e 后与实际电压值 U_1 之差,并以实际电压值的百分数表示:

$$\Delta U = \frac{K_e U_2 - U_1}{U_1} \times 100\%$$

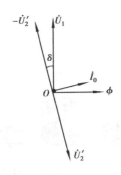

图 3.1　电压互感器的简化向量图

角误差(又称相角差)为二次电压 U_2' 沿逆时针方向旋转 180° 后与一次电压 U_1 之间的夹角 δ,如图 3.1 所示,并规定 $-U_2'$ 超前于 U_1 时,δ 角为正值,反之,则 δ 为负值。

影响电压互感器两种误差的因素有:

1)原、副线圈的阻抗 Z_1、Z_2 增大,误差也随之增大,反之,则减小;

2)空载电流 I_0 增大时,误差也相应增大,反之,则减小;

3)副边负荷电流 I_2 增大时,误差也随之增大,反之,则减小;

4)副边负荷的功率因数 $\cos\varphi_2$ 过大或过小,除了影响电压误差外,还会使角误差增大。

前两个因素与互感器本身的构造及材料有关,后两个因素则与工作条件有关。

3.1.2　减小电压互感器误差的办法

1)制造上:电压互感器的激磁电流和内阻抗与互感器的结构和材料有关。为减少激磁电流,最有效的办法是采用高导磁率的冷轧硅钢片,增大铁心截面,缩短磁路长度和减小气隙。减小内阻抗的方法是,减小线圈电阻,选用合理的线圈结构与减小漏磁等。实用上,常采用增加二次线圈匝数的方法来减小电压误差。

2)使用上:应使电压互感器的原边电压、副边负荷及功率因数在规定范围内运行。

3.1.3　电压互感器的技术参数、准确级次及其应用

(1)变压比

电压互感器通常在铭牌上标出一次绕组和二次绕组的额定电压。变压比是指一次绕组与二次绕组额定电压之比,即 $K = U_{1n}/U_{2n}$。

(2)准确级次

电压互感器的准确级次,是以最大变比误差(简称比差)和相角误差(简称角差)来区分的,见表 3.1,准确级次在数值上就是变比误差等级的百分限值,通常电力工程上常把电压互感器的误差分为 0.5 级、1 级和 3 级 3 种。另外,在精密测量中尚有一种 0.2 级试验用互感器。准确级次的具体选用,应根据二次负载性质来确定,例如用来馈电给电度计专用的电压互感器,应选用 0.5 级以上;用来馈电给测量仪表用的电压互感器,应选用 1 级或 0.5 级;用来馈电给继电保护用的电压互感器应具有不低于 3 级次的准确度。实际使用中,经常是测量用电压表、继电保护以及开关控制信号用电源混合使用一个电压互感器,这种情况下,测量电压表的读数误差可能较大,因此不能作为计算功率或功率因数的准确依据。

由于电压互感器的误差与二次负荷的大小有关,所以同一电压互感器对应于不同的二次负荷容量,在铭牌上标注几种不同的准确级次,而电压互感器铭牌上所标定的最高的准确级次,称之为标准准确级次。

表 3.1 电压互感器准确级次和误差限值

准确级次	误差限值		一次电压变化范围	二次负荷变化范围
	比差	角差		
0.5	±0.5%	±20′		
1	±1.0%	±40′	$(0.85-1.15)U_{1n}$①	$(0.25-1)S_{2n}$②
3	±3.0%	不规定		

① U_{1n} 为电压互感器一次绕组额定电压。

② S_{2n} 为电压互感器相应准确级次下的额定二次负荷。

(3)容量

电压互感器的容量,是指二次绕组允许接入的负荷功率,分为额定容量和最大容量 2 种,以 VA 值表示。由于电压互感器的误差是随二次负荷功率的大小而变化的,容量增大,准确度降低,因此铭牌上每一个给定容量是和一定的准确级次相对应的,通常所说的额定容量,是指对应于最高准确级次的容量。

最大容量是允许发热条件规定的极限容量,除特殊情况及瞬时负荷需用外,一般正常运行情况下,二次负荷不应达到这个容量。

(4)接线组别

电压互感器的接线组别,是指一次绕组线电压与二次绕组线电压间的相位关系。10 kV 系统常用的单相电压互感器,接线组别为 1/1-0,三相电压互感器接线组别为 Y,yn12 或 YN,yn12。

3.1.4 电压互感器的接线方式

电压互感器在三相系统中要测量的电压有:线电压、相对地电压和单相接地时出现的零序电压。为了测量这些电压,电压互感器有各种不同的接线方式,最常见的有以下几种接线,如图 3.2 所示。

图 3.2(a)所示为一台单相电压互感器的接线,可测量 35 kV 及以下系统的线电压,或 110 kV 以上中性点直接接地系统的相对地电压。

图 3.2(b)为两台单相电压互感器接成 V-V 型接线,它能测量线电压,但不能测量相电压。这种接线方式广泛用于中性点非直接接地系统。

图 3.2(c)所示为一台三相三柱式电压互感器的 Y-Y 型接线。它只能测量线电压,不能用来测量相对地电压,因一次侧绕组的星形接线中性点不能接地。这是因为,在中性点非直接接地系统中发生单相接地时,接地相对地电压为零,未接地相对地电压升高 $\sqrt{3}$ 倍,三相对地电压失去平衡,出现零序电压。有零序电压作用下,电压互感器的三个铁心柱中将出现零序磁通,三相零序磁通同相位,在三个铁心柱中不能形成闭合回路,只能通过空气隙和外壳成为回路,使磁路磁阻增大,零序励磁电流也增大,这样可使电压互感器过热,甚至烧坏。为此,三相三柱式电压互感器不引出一次侧绕组的中性点,不能作为交流绝缘监察用。

图 3.2(d)所示为一台三相五柱式电压互感器的 Y_0-Y_0-△ 形接线,其一次侧绕组和基本二次绕组接成星形,且中性点接地,辅助二次绕组接成开口三角形。因此,三相五柱式电压互感

31

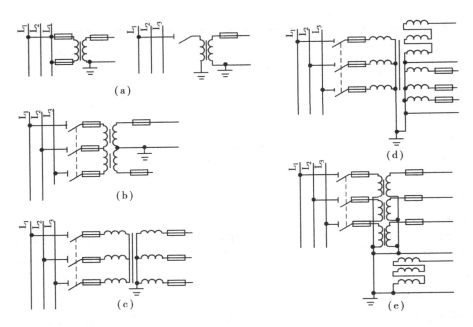

图 3.2　电压互感器的接线方式

（a）单相电压互感器接线　（b）V-V 接线　（c）Y-Y₀ 接线

（d）三相五柱式电压互感器接线　（e）三台单相三线圈电压互感器的接线

器可测量线电压和相对地电压,还可作为中性点非直接接地系统中对地的绝缘监察以及实现单相接地的继电保护,这种接线广泛应用于 6～10 kV 屋内配电装置中。

三相五柱式电压互感器的原理图如图 3.3 所示。铁心有五个柱,三相绕组绕在中间三个柱上,如图 3.3（a）所示。当系统发生单相接地时,零序磁通 Φ_{A0}、Φ_{B0}、Φ_{C0} 在铁心中的回路如图 3.3（b）所示。零序磁通可通过两边铁心组成回路,因此磁阻小,从而零序励磁电流也小。

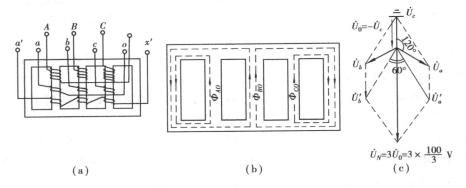

图 3.3　三相五柱式电压互感器原理图

（a）原理图　（b）零序磁通回路　（c）单相接地时开口三角形电压向量图

如图 3.3（c）所示在中性点非直接接地三相系统中,正常运行时因各相对地电压为相电压,三相电压的相量和为零,因此开口三角形两端子间电压为零。当发生一相接地时,开口三角形两端子间有电压,为各相辅助二次绕组中零序电压之相量和。规定开口三角形两端子间的额定电压为 100 V,因为各相零序电压大小相等、相位相同,故辅助二次绕组的额定电压为

$100/3\ V_{\circ}$

图 3.2(e)所示为三台单相三绕组电压互感器的 Y_0-Y_0-△ 接线,在中性点非直接接地系统中,采用三只单相 JDZJ 型电压互感器,情况与三相五柱式电压互感器相同,只是在单相接地时,各相零序磁通以各自的电压互感器铁心成为回路。在 110 kV 及以上中性点直接接地系统中,也广泛采用这种接线,只是一次侧不装熔断器。基本二次绕组可供测量线电压和相对地电压(相电压)。辅助二次绕组接成开口三角形,供单相接地保护用。因为当发生单相接地时,未接地相对电压并不发生变化,仍为相电压,开口三角形两端子间的电压为非故障相对地电压的相量和。规定开口三角形两端子间的额定电压为 100 V。

3.1.5 电容式电压互感器的工作原理和特点及技术参数

随着电压等级的升高,电磁式电压互感器的体积越来越大、越来越重,造价也越来越高。目前 220 kV 以上的电压互感器多采用电容式电压互感器(CVT),它相对于电磁式电压互感器而言,体积小,重量轻,价格低。

(1)CVT 的工作原理

电容式电压互感器实际上是一个单相电容分压器,由若干相同的电容器串联组成,接在高压相线与地之间,如图 3.4 所示。CVT 利用串联电容的分压原理从高电压上按比例分得低电压,以适应测量仪器需要及保证人身的安全。输出电压信号用于测量控制和继电保护,此外电容分压器还可以作为电力载波接收的耦合电容。为便于分析起见,将电容器串分成主电容 C_1 和分压电容 C_2 2 部分。

当一次侧相对地电压为 U_1,用静电电压表测量 C_2 上的电压为 U_{C2} 时,其分压电容值为:

$$U_{C2} = \frac{C_1}{C_1 + C_2} U_1 = KU_1 \qquad (3.2)$$

式中,分压比 $K = \dfrac{C_1}{C_1 + C_2} \leqslant 1$。

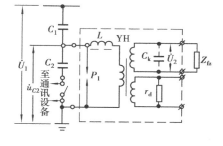

图 3.4 电容式电压互感器原理接线图
C_1—主电容;C_2—分压电容;C_k—补偿电容;
L—补偿电抗器;r_d—阻尼电阻;
YH—中间变压器;P_1—放电间隙

若改变 C_1 和 C_2 的比值,可得到不同的分压比,由于 C_2 上的 U_{C2} 和 U_1 成正比,故测得 U_{C2},就可得到 U_1,这就是电容式电压互感器的工作原理。

但是,当 C_2 两端接入普通电压表和继电器等负荷时,所测得的 U'_{C2} 将小于上述电容分压值 U_{C2},而且,在分压回路中流过的负荷电流越大,实测所得 U'_{C2} 越小,误差越大。为此,在实用中分压电容 C_2 的两端接入中间互感器 L,以减小测量误差。

中间互感器的接入,将使分压系数发生变化,并受二次负载的影响而改变 C_2 两端的等效阻抗。为了稳定阻抗,稳定分压系数,从而保证互感器的精度,中间互感器输入端串入谐振电感 L。

由于电容和电感均有内阻,该内阻与介质损耗和铁心损耗有关,不能保持为常量,受频率影响较大。当电网频率 $\omega \neq \omega_0$ 时,电抗也要发生变化,使 $Z_n \neq 0$,同时,杂散电容也影响变比。因此,电容式电压互感器的变比对电网频率的变化较为敏感,其精度仍然相对较低。

由于 L 是一个非线性电感,当电网电压升高或副边负载阻抗下降时,互感器电流增加,当

L 进入饱和区时,其感抗变化剧烈,当感抗与负载感抗之和与电容电抗相等时,互感器进入铁磁谐振状态,这时产生很大的电流并在电容 C_2 两端形成很高的过电压。当非全相进入谐振状态时,副边开口三角形输出电压超过零序电压整定值,使继电保护误发电网接地信号。

为了抑制谐振,在互感器辅助绕组上并入阻尼电阻 r_d,同时在电容 C_2 两端装设保护间隙 P_1。

一般,CTV 应满足如下技术要求:

1)CVT 的一次要有足够的绝缘强度,二次用作测量误差应小,用作继电保护要有足够的容量。

2)电容器的电容值稳定。制作电容器的材料稳定,泄漏电流小,导体的电性能及电化学性能良好。

3)电磁单元的补偿作用好,发热低,防止谐振能力强。

4)整个 CVT 运行安全,输出准确可靠。

(2)500 kV CVT 的参数

500 kV CVT 一般有 2 个以上的绕组,主要技术参数为:

1)额定频率 50 Hz、$\cos\varphi$ 滞后 0.8 时,频率允许误差:

①测量级:99% ~101% 额定频率

②保护级:96% ~102% 额定频率

2)系统最高电压 $550/\sqrt{3}$ kV

3)额定一次电压 $500/\sqrt{3}$ kV

4)额定二次电压:

①二次绕组 $0.1/\sqrt{3}$ kV(1、2 号二次线圈)

②辅助绕组 0.1 kV(3 号二次线圈)

5)电压比 $500/\sqrt{3}/0.1/\sqrt{3}/0.1/\sqrt{3}/0.1$ kV

6)中间变压器连接组 I(I/I/I)-12-12-12,三相绕组连接 Y/Y/Y/▷

7)电容分压器总电容额定值:5 000 pF,电容偏差不允许超过额定值的 -5% 或 $+10\%$

8)耦合电容器的电容温度系数 $|a| < 3 \times 10^{-4}/℃$

9)额定输出标准值:

① 1 号线圈:150 VA/0.2

② 2 号线圈:100 VA/3P

③ 3 号线圈:50 VA/3P

10)局部放电量 ≤10PC,泄漏比距 ≥2.5 cm/kV

11)瞬变响应特征 <5%(继电保护用)

12)绝缘耐压:

①高压端:全波冲击 1 675(kV),操作冲击 1 175 kV,工频耐压 680 kV

②低压端与接地端 10 kV

③中间变压器:$V_2 \geq 1.05 \times 680 \times \dfrac{C_1}{C_1 + C_2}$

3.2 电流互感器

电流互感器也是按电磁感应原理工作的。它的构造与普通变压器相似,主要由铁心、一次绕组和二次绕组等几个主要部分组成。所不同的是电流互感器的一次绕组匝数很少,使用时一次绕组串联在被测线路里。而二次绕组匝数较多,与测量仪表和继电器等电流线圈串联使用。运行中电流互感器一次绕组的电流取决于线路的负载电流,与二次负荷无关。由于接在电流互感器二次绕组内的测量仪表和继电器的电流线圈阻抗都很小,所以电流互感器在正常运行时,接近于短路状态,相当于一个短路运行的变压器,这是电流互感器与变压器的主要区别。

3.2.1 电磁式电流互感器的误差分析

为了讨论电流互感器的误差,下面首先分析一下电流互感器的相量图。图 3.5 为电流互感器的等值电路与相量图。相量图中以二次侧电流 $\dot{I}_2'$ 为参考相量,初相角为 $0°$。二次侧电压 $\dot{U}_2'$ 超前 $\dot{I}_2'$ 一个二次侧负荷的功率因数角 φ_2,$\dot{E}_2'$ 超前 $\dot{I}_2'$ 一个二次侧总阻抗角 α,铁心磁通 Φ 超前 $\dot{E}_2'$ $90°$ 角,励磁磁势 $I_0 N_1$ 超前 Φ 一个铁心损耗角 ψ。

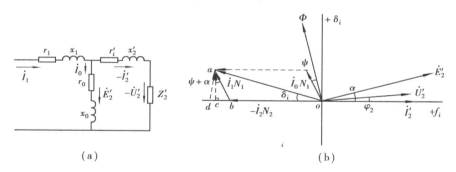

图 3.5 电流互感器的等值电路与相量图
(a)等值电路 (b)相量图

根据电磁平衡原理可得:

$$\dot{I}_1 N_1 + \dot{I}_2 N_2 = \dot{I}_0 N_1 \tag{3.3}$$

则
$$\dot{I}_1 = \dot{I}_0 - K_N \dot{I}_2$$

由式(3.3)和相量图可以看出,由于励磁电流 I_0 的影响,使一次侧电流 I_1 与 $-K_N I_2$ 在数值上和相位上都有差异,所以测量结果有误差。通常,此误差用电流误差和角误差来表示。

(1)电流误差(比差)

电流误差,以电流互感器测出的电流 $K_i I_2$ 和实际电流 I_1 之差,对实际电流 I_1 的百分比表示,即:

$$\Delta I = \frac{K_i I_2 - I_1}{I_1} \times 100\% \tag{3.4}$$

（2）角误差（角差）

角误差：以旋转 $180°$ 的二次侧电流相量 $-I'_2$，与一次侧电流相量 I_1 的夹角 δ_i 表示，并规定 $-I'_2$ 超前 I_1 时，δ_i 为正值，反之为负值。

当取 $K_i \approx K_N = \dfrac{N_2}{N_1}$ 时，则式（3.4）可写成：

$$\Delta I = \frac{I_2 N_2 - I_1 N_1}{I_1 N_1} \times 100\% \qquad (3.5)$$

式中，$I_1 N_1$ 和 $I_2 N_2$ 只表示绝对值的大小。当 $I_1 N_1$ 大于 $I_2 N_2$ 时，电流误差为负，反之电流误差为正。由相量图可知：

$$I_2 N_2 - I_1 N_1 = \overline{ob} - \overline{od} = -\overline{bd}$$

当 δ_i 很小时，取 $\overline{bd} \approx \overline{bc}$，则

$$\Delta I = \frac{-\overline{bc}}{I_1 N_1} \times 100\% = -\frac{I_0 N_1}{I_1 N_1}\sin(\psi + \alpha) \times 100\% \qquad (3.6)$$

$$\delta_i \approx \sin\delta_i = \frac{\overline{ac}}{\overline{oa}} = \frac{I_0 N_1}{I_1 N_1}\cos(\psi + \alpha) \times 3\,440' \qquad (3.7)$$

（3）影响误差的因素

式（3.6）和式（3.7）表明，电流互感器的误差与一次侧电流的大小、铁心质量、结构尺寸及二次侧负荷有关。

1）一次侧电流 I_1 对误差的影响。制造电流互感器时，为了减小误差，在一次侧为额定电流和二次侧为额定负荷的条件下，把互感器的工作点选在磁化曲线的直线段中部。因为在直线段范围内，$\mu = \dfrac{\Delta B}{\Delta H}$ 的值较大，除此之外，磁化曲线其他部分，μ 的值都逐渐变小。

根据上述情况并对照式（3.6）和式（3.7）可知：当 I_1 工作在一次侧额定电流值附近时，因为 μ 大，相对 I_1 而言 I_0 较少，所以电流误差 ΔI 和角误差 δ_i 均比较小；当 I_1 的值较一次侧额定电流值大很多或小很多时，因为 μ 小，所以相对 I_1 而言，I_0 较大，ΔI 和 δ_i 均增大。

2）铁心质量和结构尺寸对误差的影响。为了减小 I_0，必须减小铁心的磁阻 $R_m = \dfrac{L}{\mu S}$，如减小磁路长度 L、增大铁心截面积 S 和选用导磁率 μ 高的电工钢。此外，减小磁路的空气隙也有重要作用。

3）二次侧负荷阻抗及功率因数对误差的影响。当一次侧电流不变，增加二次侧负荷阻抗时，I_2 将减小，$I_0 N_1$ 将增加，因而 ΔI 和 δ_i 将增大。

当二次侧负荷功率因数角 φ_2 增加时，E'_2 与 I'_2 之间的 α 角增加，根据式（3.6）和式（3.7）可知：α 增大时，ΔI 增大，而 δ_i 减小；反之，当 α 减小时，ΔI 减小，而 δ_i 增大。由此可见，当要求电流互感器具有一定的测量准确度时，必须把二次侧负荷的阻抗及功率因数限制在相应的范围内。

3.2.2　CT 的种类和技术参数准确级次及其应用

（1）CT 的种类

1）按装置地点可分为户内式和户外式。20 kV 及以下大多制成户内式，35 kV 及以上多制

成户外式。

2）按安装方式可分为穿墙式、支持式和装入式。穿墙式装在墙壁或金属结构的孔中,可同时作穿墙套管用;支持式则安装在平面或支柱上;装入式是套装在 35 kV 及以上变压器或多油断路器油箱内的套管上,故也称为套管式。

3）按绝缘介质的不同可分为干式、浇注式、油浸式等。干式用绝缘胶浸渍,适用于低压户内的电流互感器;浇注式利用环氧树脂等作绝缘介质,目前仅用于 35 kV 及以下的电流互感器;油浸式多为户外用电流互感器。

4）按一次侧绕组匝数的多少可分为单匝式和多匝式。

（2）技术参数、准确级次及其应用

1）变流比。电流互感器的变流比,是指一次绕组的额定电流与二次绕组额定电流之比。由于电流互感器二次绕组的额定电流都规定为 5 A,所以变流比的大小取决于一次额定电流的大小。目前电流互感器的一次额定电流等级有:5,10,15,20,30,40,50,75,100,150,200,(250),300,400,(500),600,(750),800,1 000,1 200,1 500,2 000,3 000,4 000,5 000,6 000,8 000,10 000,15 000,20 000,25 000 A。

目前,在 10 kV 用户配电装置中,电流互感器一次额定电流选用规格一般在 15 ~ 1 500 A 范围内。

2）误差和准确级次。电流互感器的测量误差分为两种:一种是变比误差（简称比差）;另一种是相角误差（简称角差）。

变比误差由下式决定:

$$\Delta I = \frac{KI_2 - I_{1n}}{I_{1n}} \times 100\%$$

式中　K——电流互感器的变比;

　　　I_{1n}——电流互感器一次额定电流;

　　　I_2——电流互感器二次电流实测值。

电流互感器相角误差,是指二次电流的相量与一次电流相量间的夹角 δ,相角误差的单位是"分"。并规定,当二次电流相量超前于一次电流相量时,为正角差,反之为负角差。正常运行的电流互感器的相角差一般都在 2°以下。电流互感器的两种误差具体与下列因素有关:

①与励磁安匝（$I_0 N_1$）大小有关,励磁安匝加大,误差加大;

②与一次电流大小有关,在额定值范围内,一次电流增大,误差减小,当一次电流为额定电流的 100% ~ 120% 时,误差最小;

③与二次负载阻抗大小有关,阻抗加大,误差加大;

④与二次负载感抗有关,感抗加大（即功率因数 $\cos\varphi_2$ 减小）,电流误差将加大,而角误差相对减少。

电流互感器的准确级次,是以最大变比误差和相角误差来区分的,准确级次在数值上就是变比误差限值的百分数,见表 3.2。电流互感器准确级次有 0.2 级、0.5 级、1 级、3 级、10 级和 D 级几种。其中 0.2 级属精密测量用,工程中电流互感器准确级次的选用,应根据负载性质来确定,如电度计量一般选用 0.5 级;电流表计选用 1 级;继电保护选用 3 级;差动保护选用 D 级。用于继电保护的电流互感器,为满足继电器灵敏度和选择性的要求,应按照电流互感器的 10% 倍数曲线进行校验。

3）电流互感器的容量。电流互感器的容量,是指它允许接入的二次负荷功率 S_n（VA）,由于 $S_n = I_{2n}^2 \cdot Z_{fx}$,其中 Z_{fx} 为二次负载阻抗,I_{2n} 为二次线圈额定电流（均为 5 A 或 1 A）,因此,通常用额定二次负载阻抗（Ω）来表示。根据国家标准规定,电流互感器额定二次负荷的标准值,可为下列数值之一:5,10,15,20,25,30,40,50,60,80,100 VA。那么,当额定电流为 5 A 时,相应的额定负载阻抗值为:0.2,0.4,0.6,0.8,1.0,1.2,1.6,2.0,2.4,3.2,4.0 Ω。

表 3.2　电流互感器的准确级次和误差限值

准确级次	一次电流为额定电流的百分数/%	误差限值[2]		二次负荷变化范围
		比差	相角差	
0.2	10	±0.5%	±20′	$(0.25 \sim 1)S_n$
	20	±0.35%	±15′	
	100 ~ 120	±0.2%	±10′	
0.5	10	±1%	±60′	$(0.25 \sim 1)S_n$
	20	±0.75%	±45′	
	100 ~ 120	±0.5%	±30′	
1	10	±2%	±120′	$(0.25 \sim 1)S_n$
	20	±1.5%	±90′	
	100 ~ 120	±1%	±60′	
3	50 ~ 120	±3.0%	不规定	$(0.5 \sim 1)S_n$
10	50 ~ 120	±10%	不规定	
D	100	±3%	不规定	S_n
	100n[1]	−10%		

①n 为额定 10% 倍数;
②误差限值以额定负荷为基准。

由于互感器的准确级次与功率因数有关,因此,规定上列二次额定负载阻抗是在负荷功率因数为 0.8（滞后）的条件下给定。

4）保护用电流互感器的 10% 倍数。由于电流互感器的误差与励磁电流 I_0 有着直接关系,当通过电流互感器的一次电流成倍增长时,使铁心产生磁饱和,励磁电流急剧增加,引起电流互感器误差迅速增加,这种一次电流成倍增长的情况,在系统发生短路故障时是客观存在的。为了保证继电保护装置在短路故障时可靠地动作,要求保护用电流互感器能比较正确地反映一次电流情况,因此,对保护用的电流互感器提出一个最大允许误差值的要求,即允许变比误差最大不超过 10%,角差最大不超过 7°。所谓 10% 倍数,就是指一次电流倍数增加到 n 倍（一般规定 6 ~ 15 倍）时,电流误差达到 10%,此时的一次电流倍数 n 称为 10% 倍数,10% 倍数越大表示此互感器的过电流性能越好。

影响电流互感器误差的另一个主要因素是二次负载阻抗。二次阻抗增大,使二次电流减小,去磁安匝减少,同样使励磁电流加大和误差加大。为了使一次电流和二次阻抗这两个影响误差的主要因素互相制约,保证误差在 10% 范围以内。各种电流互感器产品规范给出了 10%

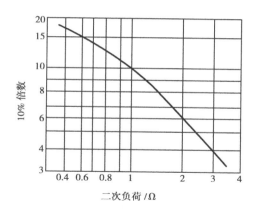

图 3.6　LQJC-10 电流互感器 10% 倍数曲线

误差曲线。所谓电流互感器的 10% 误差曲线,就是电流误差为 10% 的条件下,一次电流对额定电流的倍数和二次阻抗的关系曲线。图 3.6 给出了 LQJC-10 型电流互感器 10% 倍数曲线。利用 10% 误差曲线,可以求出与保护计算用一次电流倍数相适应的最大允许二次负载阻抗。

　　5)热稳定及动稳定倍数。电流互感器的热稳定及动稳定倍数,是表示互感器随短路电流热作用和机械力作用的能力。

　　热稳定电流,是指互感器在 1 s 内承受短路电流的热作用而无损伤的一次电流有效值。所谓热稳定倍数,就是热稳定电流与电流互感器额定电流之比值。

　　动稳定电流,是指一次线路发生短路时,互感器所能承受的无机械损伤的最大一次电流峰值。动稳定电流,一般为热稳定电流的 2.55 倍。所谓动稳定倍数,就是动稳定电流与电流互感器额定电流的比值。

3.2.3　CT 的接线方式

　　图 3.7 所示为最常用的电气测量仪表接入电流互感器的电路图。图 3.7(a)所示的接线,用于对称三相负荷,测量一相电流。图 3.7(b)为星形接线,可测量三相负荷电流,以监视负荷电流不对称情况。图 3.7(c)为不完全星形接线。在三相负荷平衡或不平衡的系统中,当只需取 U、W 两相电流时,例如三相二元件功率表或电度表,便可用不完全星形接线。流过公共导线上的电流为 U、W 两相电流的相量和,即 $I_U + I_W = -I_V$。电流互感器一、二次侧绕组端子上都标有符号,如图 3.7(a)所示,通常一次侧端子 11 和 12 标为 L_1、L_2,二次侧端子 21 和 22 标为 K_1、K_2。当一次侧电流从端子 11 流向端子 12 时,二次侧电流从端子 21 经负荷流回到端子 22。

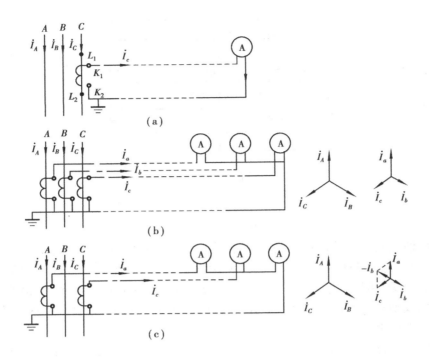

图 3.7 电流互感器接线图
（a）单相接线 （b）星形接线 （c）不完全星形接线

3.3 互感器的配置

互感器在主接线中的配置与测量仪表、同期点的选择、保护和自动装置的要求以及主接线的形式有关,图 3.8 为发电厂中互感器配置示例。

3.3.1 电压互感器的配置

电压互感器的配置原则是:应满足测量、保护、同期和自动装置的要求;保证在运行方式改变时,保护装置不失压、同期点两侧都能方便地取压。通常如下配置:

1）母线

6～220 kV 电压级的每组主母线的三相上应装设电压互感器,旁路母线则视各回路出线外侧装设电压互感器的需要而确定。

2）线路

当需要监视和检测线路断路器外侧有无电压,供同期和自动重合闸使用,该侧装一台单相电压互感器。

3）发电机

一般在出口处装两组。一组（△/Y接线）用于自动调整励磁装置。一组供测量仪表、同期和继电保护使用,该组电压互感器采用三相五柱式或三只单相接地专用互感器,接成

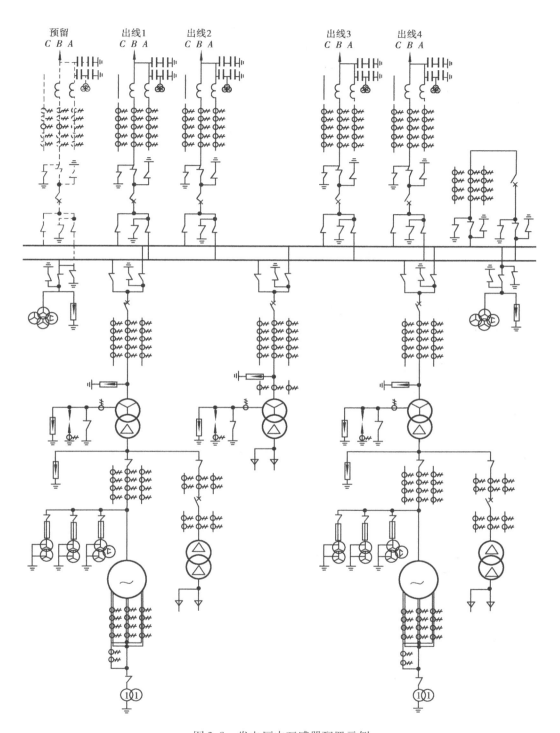

图 3.8 发电厂中互感器配置示例

$Y_0/Y_0/\triangle$接线,辅助绕组接成开口三角形,供绝缘监察用。200 MW及以上发电机中性点还常设一单相电压互感器,用于100%定子接地保护。

4)330~500 kV电压级的电压互感器配置

双母线接线时,在每回出线和每组母线三相上装设。一个半断路器接线时,在每回出线三相上装设,主变压器进线和每组母线上则根据继电保护装置、自动装置和测量仪表的要求,在一相或三相上装设。线路与母线的电压互感器二次回路不切换。

3.3.2 电流互感器配置

电流互感器应按下列原则配置:

1)每条支路的电源侧均应装设足够数量的电流互感器,供该支路测量、保护使用。此原则同于开关电器的配置原则,因此往往有断路器与电流互感器紧邻布置。配置的电流互感器应满足下列要求:①一般应将保护与测量用的电流互感器分开;②尽可能将电能计量仪表互感器与一般测量用互感器分开,前者必须使用0.5级互感器,并应使正常工作电流在电流互感器额定电流的2/3左右;③保护用互感器的安装位置应尽量扩大保护范围,尽量消除主保护的不保护区;④大接地电流系统一般三相配置以反映单相接地故障,小电流接地系统发电机、变压器支路也应三相配置以便监视不对称程度,其余支路一般配置于A、C两相。

2)发电机出口配置一组电流互感器供发电机自动调节励磁装置使用,相数、变比、接线方式与自动调节励磁装置的要求相符合。

3)配备差动保护的元件,应在元件各端口配置电流互感器,当各端口属于同一电压级时,互感器变比应相同,接线方式相同。$Y/\triangle$-11接线组别变压器的差动保护互感器接线应分别为$\triangle$与Y,以实现两侧二次电流的相位校正,同时低压侧($\triangle$侧)变流比$K_{低}$与高压侧(Y侧)变流比$K_{高}$的关系为$K_{低}=K_B K_{高}/\sqrt{3}$,其中K_B为变压器的变比(K_B=高压/低压)。

思 考 题

1. 电流互感器和电压互感器的作用是什么? 它们在一次电路中如何连接?

2. 电流互感器和电压互感器的基本工作原理,与电力变压器有什么相同的方面和不同的方面?

3. 为什么电流互感器的二次电路在运行中不允许开路? 电压互感器的二次电路在运行中不允许短路?

4. 为什么互感器会有测量误差? 有几种误差? 如何表示? 测量误差都与什么因素有关?

5. 简述电容式电压互感器的工作原理。

6. 在三相五柱式电压互感器的接线中,一次侧和二次侧中性点为什么都需要接地? 不接地可以吗?

7. 试画出电流互感器常用的接线图。

8. 试画出电压互感器常用的接线图。

第 **4** 章
母线、电缆、绝缘子

4.1 母 线

在发电厂和变电所的各级电压配电装置中,将发电机、变压器与各种电器连接的导线称为母线。母线是各级电压配电装置的中间环节,它的作用是汇集、分配和传送电能。

母线分 2 类:一类为软母线(多股铜绞线或钢芯铝线),应用于电压较高的户外配电装置;另一类为硬母线,多应用于电压较低的户内外配电装置。

4.1.1 母线材料

铜母线:具有电阻率低、机械强度高、抗腐蚀性强等特点,是很好的导电材料。但铜储藏量少,在国防工业上应用很广,因此,在电力工业中应尽量以铝代铜,除技术上要求必须应用铜母线外,都应采用铝母线。

铝母线:铝的电阻率稍高于铜,但储量多,重量轻,加工方便,且价格便宜。用铝母线较铜母线经济,因此,目前我国广泛采用铝母线。

钢母线:钢的电阻率比铜大 7 倍多,用于交流时,有很强的集肤效应。优点是机械强度高和价格低廉。仅适用于高压小容量电路(如电压互感器)和电流在 200 A 以下的低压及直流电路中。接地装置中的接地线多数采用钢母线。

4.1.2 母线的截面形状

矩形截面:一般应用于 35 kV 及以下的户内配电装置中。矩形截面母线的优点(与相同截面积的圆形母线比较)是散热条件较好,集肤效应较小,在容许发热温度下通过的允许工作电流大。

为增强散热条件和减小集肤效应的影响,宜采用厚度较小的矩形母线。但考虑到母线的机械强度,通常铜和铝的矩形截面母线的边长之比为 $1 : 5 \sim 1 : 12$,最大的截面积为 $10 \times 120 = 1\ 200\ (mm^2)$。

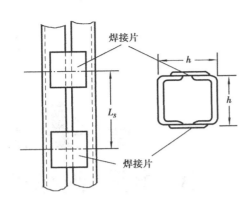

图 4.1　槽形母线及其焊接片

但是,矩形母线的截面积增加时,散热面积并不是成比例地增加,允许工作电流也就不能成比例地增加。因此,矩形母线的最大截面积受到限制。当工作电流很大,最大截面的矩形母线也不能满足要求时,可采用多条矩形母线并联使用,并间隔一定距离(一条母线的厚度)。矩形母线用在电压为35 kV 以上的场合,会出现电晕现象。

圆形截面:在 35 kV 以上的户外配电装置中,为了防止产生电晕,一般采用圆形截面母线。在110 kV 以上的户外配电装置中,采用钢芯铝绞线和管形母线;在 110 kV 以上的户内配电装置中,都采用管形母线。

电压为 35 kV 及以下的户外配电装置中,一般也采用钢芯铝绞线,这样可使母线的结构简化,投资降低。

槽形截面:当每相三条以上的矩形母线不能满足要求时,一般采用由槽形截面母线组成近似正方形的空心母线结构,如图 4.1 所示。这种结构的优点是:邻近效应较小,冷却条件好,金属材料利用率较高。另外,为了加大槽形母线的截面系数,可将两条槽形母线每相隔一定距离,用连接片焊住,构成一个整体。槽形母线的工作电流可达 10 ~ 12 kA。

4.1.3　大电流母线

目前,对于大容量发电机,除采用多条矩形母线并联或槽形母线外,还采用如下几种形式的母线:

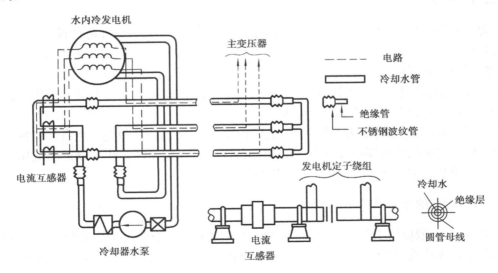

图 4.2　绝缘水内冷母线的一般布置和水内冷系统

(1)水内冷母线

水内冷母线是利用水热传导能力强的特点,使母线温升大大降低,以提高载流能力,减少金属消耗量。水内冷母线可用铜或铝做成的圆管形母线。由于铝母线容易腐蚀，因此一般采用铜材。图4.2所示为水内冷母线的一般布置和水冷系统的简图。水内冷母线的水冷系统与水内冷发电机共用。

（2）封闭母线

随着电力系统的迅速发展，单机容量不断增大，300 MW发电机的额定电流已达11 000多A，这样大的电流通过发电机与变压器之间的连接母线时，将引起一系列问题：如母线短路时产生巨大电动力；母线本身发热及母线对附近钢构件的感应发热；母线故障对系统的影响。为解决上述问题，国内外已普遍采用封闭母线的办法。

封闭母线系指将母线用非磁性金属材料（一般用铝合金）制成的外壳保护起来。图4.3所示的全连式分相封闭母线，是将每相每段外壳焊在一起，且三相外壳两端用短路板连接并接地，它允许母线外壳中流过轴向环流。它不仅密封性好，而且由于在三相外壳间存在环流，可对母线磁场进一步加以屏蔽，因而可使短路电流在母线导体上产生的电动力降低到裸母线时的1/4左右，附近钢构件的感应发热损耗也减少到微不足道的程度。由于外壳上的轴向电流与母线电流的大小几乎相等，方向相反（近于180°），故外壳内的损失较大。

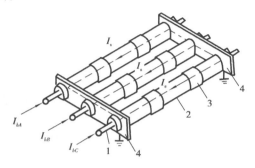

图4.3 全连式分相封闭母线
1—母线；2—封闭外壳；3—连接外壳；4—短路板

全连式分相封闭母线的屏蔽原理：由于同相外壳各段已焊成一体，且三相外壳间又用金属板短接，这好似1∶1的电流互感器二次线圈被短路一样：主母线的电流所产生的交变磁通作用于外壳，在外壳上产生感应电势，此电势在外壳的闭合回路中产生三相环流，由于外壳是采用低值电阻的铝合金制成，因此外壳上的三相环流与母线电流基本上是方向相反、数值相等，致使主母线在外壳外面所产生的磁通被抵消，这就是屏蔽作用。

全连式分相封闭母线由载流导体、支持绝缘子和保护外壳组成，如图4.4所示。载流导体用铝制成，形状可以是双槽、双半圆、圆管或方管；支柱绝缘子采用内胶装多棱边式；外壳用5～8mm厚的铝合金板制成圆筒形。为维护方便，在外壳上设有观察孔。封闭母线和外壳都有伸缩接头，以适应振动和温度的变化。

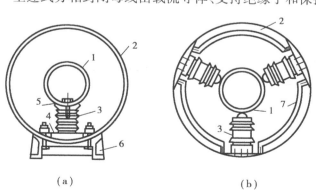

（a）　　　　　　　　　　（b）

图4.4 封闭母线断面图
1—载流导体；2—保护外壳；3—支柱绝缘子；
4—弹性板；5—垫圈；6—底座；7—加强圈

全连式分相封闭母线的优缺点：

1）可提高供电的可靠性（杜绝了相间短路事故，绝缘子不受环境影响，接地故障机会很少）；

2）消除了钢构件的严重发热；

3）大大减小了母线间的电动力，并改善了其他电气设备的工作条件；

4）运行安全、维护方便、日常维护工作量少；

5）散热条件差，有色金属耗量大，以及外壳内的电能损耗较大。

（3）矩形母线在绝缘子上的固结和排列方式

1）母线在绝缘子上的固结

矩形和槽形母线是用母线金具固定在支柱绝缘子上，如图4.5所示。1 000 A 以上的装置中母线金具用非磁性材料，其他零件用镀锌钢件。间隔钢管的高度应大于母线厚度1.5 ~ 2 mm。

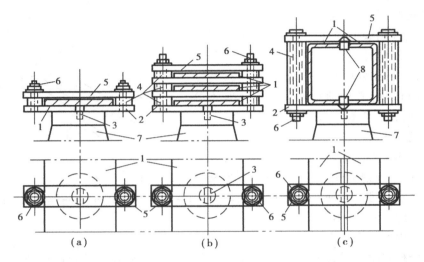

图4.5　矩形母线在支柱绝缘子上的固结

（a）每相有一条矩形截面母线　（b）每相有三条矩形截面母线　（c）每相有两条槽形母线

1—铝母线；2—钢板；3—螺钉；4—间隔钢管；5—铝板；6—拧入板2的螺栓；7—绝缘子；8—撑竿

当矩形铝母线长度大于20 m、铜母线或钢母线长度大于30 m时，母线间应加装伸缩补偿器，如图4.6所示。在伸缩补偿器间的两端开有长圆孔，供温度变化时自由伸缩，螺栓8并不拧紧。

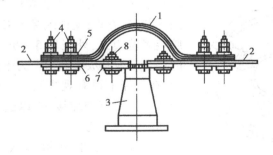

图4.6　母线伸缩补偿器

1—补偿器；2—母线；3—支柱绝缘子；

4,8—螺栓；5—垫圈；6—衬垫；7—盖板

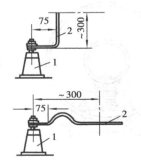

图4.7　母线硬性连接

1—支柱绝缘子；2—母线

补偿器由厚为0.2 ~ 0.5 mm的薄片叠成，其数量应与母线的截面相适应，材料与母线相同。当母线厚度小于8 mm时，可直接利用母线本身弯曲的办法来解决，如图4.7所示。

2）矩形母线的排列方式

矩形母线的排列方式可分为以下几种：

①平放水平排列。其优点是母线对短路时产生的电动力具有较强的抗弯能力，缺点是散热条件较差。

②立放水平排列。其优点是散热条件好，缺点是抗弯能力差。

③立放垂直排列。其优点是散热条件好，抗弯能力强，缺点是需要增加空间高度。

④三角形排列。参看手车高压开关柜。这种排列方式可以减少开关柜的深度和高度，布置也比较紧凑。

3）母线的着色

母线着色可以增加辐射能力，有利散热，因此母线着色后，允许负荷电流可提高 12% ~ 15%。钢母线着色还能防锈蚀。同时，也便于工作人员识别相序或直流极性。一般母线着色标志如下：

直流：正极——红色；负极——蓝色

交流：A 相——黄色；B 相——绿色；C 相——红色

中性线：不接地的中性线——白色；接地的中性线——紫色

4.2　电　缆

4.2.1　概　述

电力电缆同架空线路一样，也是输送和分配电能的。在城镇居民密集的地方，在高层建筑内及工厂厂区内部，或在其他一些特殊场所，考虑到安全方面和市容美观方面的问题以及受地面位置的限制，不宜架设甚至有些场所规定不准架设架空线路时，就需要使用电力电缆。

电力电缆与架空线路相比有许多优点：

1）供电可靠。不受外界的影响，不会像架空线那样，因雷击、风害、挂冰、风筝和鸟害等造成断线、短路或接地等故障。机械碰撞的机会也较少。

2）不占地面和空间。一般的电力电缆都是地下敷设，不受路面建筑物的影响，适合城市与工厂使用。

3）地下敷设，有利人身安全。

4）不使用电杆，节约木材、钢材、水泥。同时使城市市容整齐美观，交通方便。

5）运行维护简单，节省线路维护费用。

由于电力电缆有以上优点，因此得到越来越多的地方使用。不过电力电缆的价格贵，线路分支难，故障点较难发现，不便及时处理事故，电缆接头工艺较复杂。

4.2.2　电力电缆的种类及结构特点

（1）电力电缆的种类

电力电缆种类很多。根据电压、用途、绝缘材料、线芯数和结构特点等有以下分类：

①按电压的高低可分为高压电缆和低压电缆。

②按使用环境可分为:直埋、穿管、河底、矿井、船用、空气中、高海拔、潮热区、大高差等。

③按线芯数分为单芯、双芯、三芯和四芯等。

④按结构特征可分为:统包型、分相型、钢管型、扁平型、自容型等。

⑤按绝缘材料可分为:油浸纸绝缘、塑料绝缘和橡胶绝缘以及近期发展起来的交联聚乙烯等。此外还有正在发展的低温电缆和超导电缆。

(2)特点

现将几种常用的电力电缆的主要特点分述如下:

1)油纸绝缘电缆

① 粘性浸渍纸绝缘电缆:成本低;工作寿命长;结构简单,制造方便;绝缘材料来源充足;易于安装和维护;油易淌流,不宜作高落差敷设;允许工作场强较低。

② 不滴流浸渍纸绝缘电缆:浸渍剂在工作温度下不滴流,适宜高落差敷设;工作寿命较粘性浸渍电缆更长;有较高的绝缘稳定性;成本较粘性浸渍纸绝缘电缆稍高。

2)塑料绝缘电缆

① 聚氯乙烯绝缘电缆:安装工艺简单;聚氯乙烯化学稳定性高,具有非燃性,材料来源充足;能适应高落差敷设;敷设维护简单方便;聚氯乙烯电气性能低于聚乙烯;工作温度高低对其机械性能有明显的影响。

② 聚乙烯绝缘电缆:有优良的介电性能,但抗电晕、游离放电性能差;工艺性能好,易于加工,耐热性差,受热易变形,易延燃,易发生应力龟裂。

3)交联聚乙烯绝缘电缆

容许温升较高,故电缆的允许载流量较大;有优良的介电性能,但抗电晕、游离放电性能差;耐热性能好;适宜于高落差和垂直敷设;接头工艺虽较严格,但对技工的工艺技术水平要求不高,因此便于推广。

4)橡胶绝缘电缆

柔软性好,易弯曲,橡胶在很大的温差范围内具有弹性,适宜作多次拆装的线路;耐寒性能较好;有较好的电气性能、机械性能和化学稳定性;对气体、潮气、水的渗透性较好;耐电晕、耐臭氧、耐热、耐油的性能较差;只能作低压电缆使用。

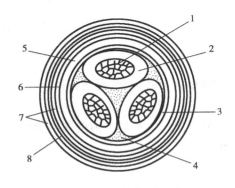

图4.8 三芯统包型电缆

1—导体;2—芯绝缘;3—统包绝缘;4—填料;

5—铅包;6—沥青防腐层;7—沥青黄麻层;8—铠装层

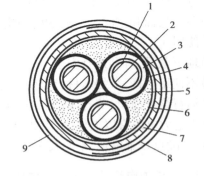

图4.9 分相屏蔽电缆结构示意

1—线芯;2—线芯屏蔽;3—绝缘层;

4—打孔金属带屏蔽;5—填充材料;6—扎紧带;

7—金属护套;8—铠装层;9—外被层

（3）电力电缆的基本结构

　　电缆的基本结构由线芯、绝缘层和保护层三部分组成。线芯导体要有好的导电性,以减少输电时线路上能量的损失;绝缘层的作用是将线芯导体间及保护层相隔离,因此要求绝缘性能、耐热性能良好;保护层又可分为内护层和外护层两部分,用来保护绝缘层使电缆在运输、储存、敷设和运行中,绝缘层不受外力的损伤和防止水分的浸入,故应有一定的机械强度。在油浸纸绝缘电缆中,保护层还具有防止绝缘油外流的作用。

　　由于采用不同的结构形式和材料,便制成了不同类型的电缆,如:粘性油浸纸绝缘统包型电缆、粘性油浸纸绝缘分相铅包电缆、橡皮绝缘电缆、聚氯乙烯和交联聚氯乙烯绝缘电缆等,如图 4.8、图 4.9、图 4.10、图 4.11 所示。

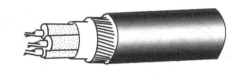

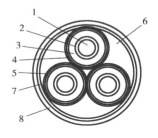

图 4.10　交联聚乙烯绝缘聚氯乙烯护套电力电缆
1—导体;2—内半导体屏蔽;3—交联聚乙烯绝缘;
4—外半导体屏蔽;5—钢带屏蔽;6—填充;
7—包带;8—聚氯乙烯外护套

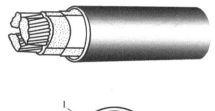

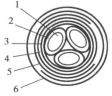

图 4.11　聚氯乙烯绝缘聚氯乙烯护套电力电缆
1—导电线芯;2—塑料绝缘;3—塑料带绕包;
4—塑料内护套;5—钢带铠装;6—塑料外护套

　　电缆线芯分铜芯和铝芯 2 种。铜比铅导电性能好,机械强度高,但铜较铝价高。线芯按数目可分为单芯、双芯、三芯和四芯。按截面形状又可分为圆形、半圆形和扇形 3 种(见图4.12)。圆形芯和半圆形芯用得较少,扇形芯大量用于 1 ~ 10 kV 三芯和四芯电缆。三芯电缆的每个扇形芯成 120° 角,四芯的每个芯成 90° 角,"3 + 1"芯电缆中 3 个主要线芯各为 100° 角,而第 4 个芯为 60° 角(见图 4.13)。根据电缆的不同品种与规格,线芯可以制成实体,也可以制成绞合线芯。绞合线芯系由圆单线和成型单线绞合而成。电缆的线芯结构及绞线的单线根数分别见表 4.1 及表 4.2。电缆结构代号的意义可参见有关产品样本。

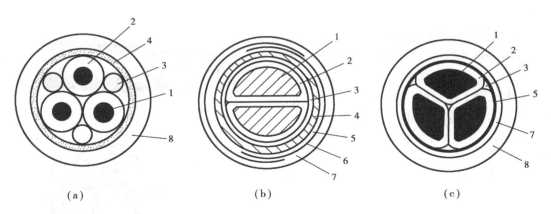

图 4.12　线芯截面形状
（a）圆形　（b）半圆形　（c）扇形

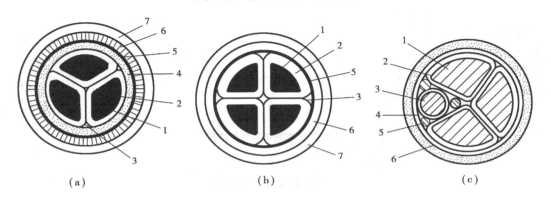

图 4.13　线芯角度图
（a）三芯　（b）四芯　（c）"3＋1"芯

表 4.1　线芯结构

标称截面 /mm²	线芯 材料	1、3 kV	6、10 kV		20、35 kV
		各种形式	粘性浸渍电缆	不滴流电缆	
16 及以下	铝	单根圆形硬铝线			绞合线芯
	铜	单根圆形软铜线			
25～50	铝	单根软铝线或绞合线芯			
25～35	铜	单根铜线或绞合线芯	绞合线芯	绞合线芯或单根线芯	
70 及以上	铝	绞合线芯			
50 及以上	铜				

表4.2 绞线的单线根数

标称截面 /mm²	线芯中的单线根数	
	圆形,不少于	扇形或半圆形,不少于
25 及 35	7	12
50 及 70	19	15
95	19	18
120	19	24
150	19	30
185	37	36
240	37	36
300、400 及 500	37	—
630 及 800	61	—

(4)电缆的型号

1)型号

我国电缆产品的型号由几个大写的汉语拼音字母和阿拉伯数字组成。用字母表示电缆的类别、导体材料、绝缘种类、内护套材料、特征,用数字表示铠装层类型和外被层类型。各字符的含义见表4.3、表4.4。

表4.3 电缆型号中各字母的含义

类 别	导 体	绝 缘	内 护 套	特 征
电力电缆(省略不表示) K 控制电缆 P 信号电缆 B 绝缘电线 R 绝缘软线 Y 移动式软电缆 H 市内电话电缆	T 铜线(一般省略) L 铝线	Z 纸绝缘 X 天然橡皮 (X)D 丁基橡皮 (X)E 乙丙橡皮 V 聚氯乙烯 Y 聚乙烯 YJ 交联聚乙烯	Q 铅包 L 铝包 H 橡套 (H)F 非燃性橡套 V 聚氯乙烯护套 Y 聚乙烯护套	D 不滴流 P 分相金属护套 P 屏蔽

表4.4 外护层代号的含义

第1个数字		第2个数字	
代 号	铠装层类型	代 号	外被层类型
0	无	0	无
1	—	1	纤维绕包
2	双钢带	2	聚氯乙烯护套
3	细圆钢丝	3	聚乙烯护套
4	粗圆钢丝	4	

一般一条电缆的规格除标明型号外,还应说明电缆的芯数、截面、工作电压和长度。如 ZQ_{21}-3×50-10-250,即表示铜芯、纸绝缘、铅包、双钢带铠装、纤维外被层(如油麻),3 芯、50 mm^2、电压为 10 kV,长度为 250 m 的电力电缆。又如 $YJLV_{22}$-3×120-10-300,即表示铝芯、交联聚乙烯绝缘、聚氯乙烯内护套、双钢带铠装、聚氯乙烯外护套,3 芯 120 mm^2,电压为 10 kV,长度为 300 m 的电力电缆。

2)电缆型号的选择

一般情况下应优先使用交联聚乙烯电缆,其次是不滴流纸绝缘电缆,最后为普通油浸纸绝缘电缆。在电缆敷设环境高差较大时,不应使用粘性油浸纸绝缘电缆。

4.3　绝　缘　子

4.3.1　绝缘子的作用和类型

绝缘子又名瓷瓶,它被广泛应用于发电厂和变电所的户内外配电装置、变压器、开关电器及输配电线路中,用来支持和固定带电导体,并与地绝缘,或作为带电导体之间的绝缘。因此,要求绝缘子具有足够的机械强度和绝缘性能,并能在恶劣环境(高温、潮湿、多尘埃、污垢等)下安全运行。绝缘子种类繁多,大致可分为:

1)按装设地点可分为户内式和户外式两种。户内和户外绝缘子的区别在于户外式具有较多和较大的裙边,增长了沿面放电距离,并能在雨天阻断水流,使绝缘子能在较恶劣环境中可靠工作。在多灰尘和有害气体的地区,绝缘子应采用特殊结构的防污绝缘子。户内绝缘子表面无裙边。

2)按用途可分为电站绝缘子、电器绝缘子和线路绝缘子等。电器绝缘子的用途是固定电器的载流部分,分支柱和套管绝缘子 2 种。支柱绝缘子用于固定没有封闭外壳的电器的载流部分,如隔离开关的静、动触头等。套管绝缘子用来使有封闭外壳的电器,如断路器、变压器等的载流部分引出外壳。电器绝缘子的外形结构可参见隔离开关和断路器等章节。

4.3.2　电站绝缘子

电站绝缘子的用途是支持和固定户内外配电装置的硬母线,并使母线与地绝缘。电站绝缘子又分为支柱绝缘子和套管绝缘子,后者用于电厂、变电站的配电装置、高压成套封闭式柜中,作导电部分穿过接地隔板、墙壁及封闭配电装置的绝缘、支持和与外部母线连接之用。

户内支柱绝缘子按金属附件对瓷件的胶装方式,分为内胶装、外胶装及联合胶装三种。内胶装系将金属附件装在瓷件孔内,因此缩小了绝缘子高度。与相同等级的外胶装绝缘子相比,它具有尺寸小、重量轻、电气性能好等优点,但对机械强度有影响,因此对机械强度要求高的场所,宜采用外胶装或联合胶装之产品。联合胶装上附件为内胶装,下附件为外胶装,兼收内外胶装之长,它一般属实心不可击穿结构,从而提高了安全可靠性,减少了维护测试工作量。

户外棒式支柱绝缘子,由于为实心结构,一般不会沿瓷件内部放电,在运行中不必担忧瓷体击穿。它与针式支柱绝缘子相比,则有尺寸小、重量轻、老化率低、运行维护方便,提高供电可靠性等优点。防污型棒式支柱绝缘子,由于采用大小伞、大倾角伞等伞棱造型,因此具有较好的防污效果和较大的泄漏比距。35 kV 及以下的防污型棒式支柱绝缘子的安装尺寸,与普通型相同,两者可以互换。电站支柱绝缘子的外形如图 4.14、图 4.15 所示。

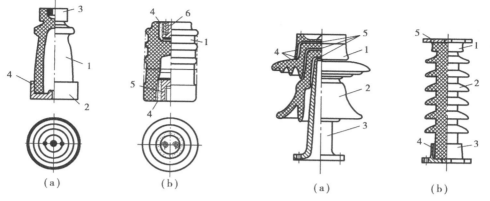

图 4.14 户内支柱绝缘子
(a)外胶装 ZA-10Y 型 (b)内胶装 ZNF-20MM 型
1—瓷体;2—铸铁底座;3—铸铁帽;
4—水泥胶合剂;5—铸铁配件

图 4.15 户外支柱绝缘子
(a)针式支柱绝缘子 (b)实习棒式支柱绝缘子
1—上附件;2—瓷件;3—下附件;4—胶合剂;5—纸垫

高压穿墙瓷套管由瓷套、安装法兰及导电部分装配而成。户外套管的户外端有较大的伞裙,以提高湿闪电压。户外端的金属帽与瓷套的连接采用水泥胶装结构,因此,具有一定的密封性。

纯瓷套管的电场分布是极不均匀的,为了提高套管的起始电晕,在结构上采取了均压措施,将靠近法兰部位的瓷壁及两边的伞适当加大、加厚,在瓷套靠近法兰处的外表面和瓷套内腔均匀涂一层半导体釉,并通过接触弹片使导体与瓷壁短路,以改善电场分布,防止套管内腔发生放电,提高滑闪放电电压。高压穿墙瓷套管的外形如图 4.16、图 4.17 所示。

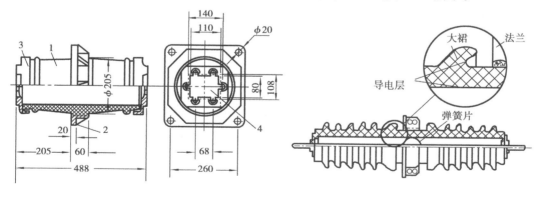

图 4.16 户内母线式穿墙套管
1—瓷体;2—法兰盘;3—帽;4—矩形口

图 4.17 10 kV 户外穿墙套管

4.3.3 线路绝缘子

线路绝缘子主要供架空线路作绝缘和支持或悬挂导线之用。常用的有针式绝缘子、悬式绝缘子、蝶式绝缘子、瓷横担、瓷拉棒等。如图 4.18 所示。

悬式绝缘子有普通型和防污型之分。防污型又分为双层伞型和钟罩型两种。双层伞型具有泄漏距离大;伞型开放、裙内光滑无棱,积灰速率低、风雨自洁性能好等优点。钟罩型利用伞内受潮的不同周期性及伞下高棱抑制放电作用,防污性能较好,其污闪电压比同级普通绝缘子可提高 20% ~50%。半导体釉防污悬式绝缘子,它与普通型有完全相同的结构尺寸,但在瓷件表面除伞下两个沟槽底部外上一层半导体釉,由于半导体釉层的发热、烘干效应及均压作用,提高了绝缘子在污秽和潮湿情况下的污闪电压,防污效果显著,可延长清扫周期。防污型悬式绝缘子的采用日趋广泛,工业粉尘较多,化工和沿海地区尤为显著。

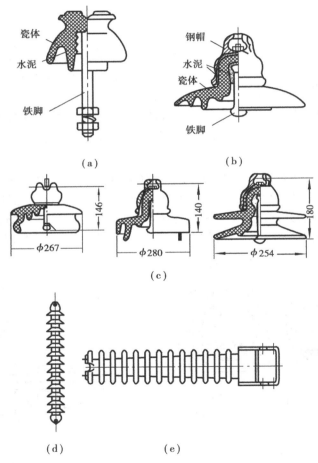

图 4.18 线路绝缘子
(a)针式绝缘子 (b)悬式绝缘子
(c)防污绝缘子 (d)瓷质棒式绝缘子 (e)瓷横担

瓷横担绝缘子是我国为适应农业供电需要自行发展起来的新型线路绝缘子。由于它具有不易击穿、不易老化、自洁性能好、节约钢材、木材,运行维护方便等优点,目前已在农村、城市广泛使用。高压线路用瓷拉棒绝缘子,可代替悬式绝缘子用于起始杆、终端杆、转角杆和耐张杆作耐张绝缘子,从而有利于瓷横担绝缘子的推广使用。

4.3.4　合成绝缘子简介

绝缘子是架空线路的关健部件之一,其性能优劣将影响整条线路的运行安全。随着电网向超高压大容量发展,作为统治高压输电线路近百年的瓷绝缘子越来越明显地暴露出性能上固有的缺陷与弱点,如笨重易碎、强度低、易劣化成零值、表面呈亲水性、易产生污闪事故、清扫维护量大等,已不适应电力工业发展的要求。合成绝缘子由于具有优良的防污与机电性能,较好地克服了瓷绝缘子的不足之处。

(1)合成绝缘子的结构

有机复合合成绝缘子是由有机聚合绝缘物为主要绝缘材料制造出来的新型线路绝缘子,它主要由芯棒、伞裙、金具 3 部分组成。如图 4.19 所示。其显著特点就是选用不同的材料分别满足对绝缘子的机械及电气性能方面的要求,芯棒主要承担机械负荷并起内绝缘作用,伞裙和护套承担和保护芯棒免受大气环境侵蚀,同时提供必要的爬电距离和污闪、湿闪性能,金具的作用是传递机械负荷和连接导线。

(2)合成绝缘子的主要性能

合成绝缘子的主要性能有:①耐污性高。由于硅橡胶具有较强的憎水性能,污闪电压比相同泄漏距离的瓷绝缘子高 100% ~150% 以上,在重污秽地区运行可以不用清扫,免维护,是目前最理想的高压输电电线用耐污型绝缘子。②湿闪电压高,是干闪电压的 90% ~95% ,所以对过电压绝缘水平高。③不易破碎,无零值绝缘子,损耗少,运行可靠性能高。④体积小,重量轻,运输、安装和维护方便;为轻型杆塔和事故抢修提供了快捷、方便的条件。⑤耐腐蚀性能强。

(3)合成绝缘子的优缺点

合成绝缘子具有重量轻、机电强度高等优点,因而可用于城网改造,用来架设紧凑型架空线路。特别是合成绝缘子具有良好的抗污闪性能,尤其适应于污秽特别严重的地区使用,以有效地提高线路运行可靠性,减少线路维护工作量。与瓷或玻璃绝缘子相比,合成绝缘子优良的防污性能是毋庸置疑的,但耐雷性能却有着两方面因素。有利因素是它不会发生瓷绝缘子那样的"零值",与玻璃绝缘子那样的

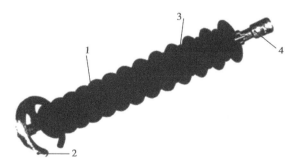

图 4.19　合成绝缘子

1—硅橡胶伞裙;2—均压环;3—玻璃钢芯棒;4—连接金具

"自爆"现象,因而可在运行中保持整串绝缘子有较高的耐雷水平;不利因素是由于其伞裙直径较小,干弧距离小于瓷(或玻璃)绝缘子,亦即耐雷水平小于同长度的瓷(或玻璃)绝缘子的耐雷水平。

传统的瓷绝缘子在运行期间,每年要清扫一次,据有关单位估算,每年投入的清扫费用占绝缘子成本的 15% ,而且重复开支。此外每年还需带电测量,发现零值绝缘子要及时更换,这些都使维修费用大大增加。如使用有机复合绝缘子,可以减少防污清扫,节约人力财力,减轻劳

动强度,节约维护费用。

硅橡胶合成绝缘子是由高分子有机复合加工制成,在我国已有 10 多年的运行经验。硅橡胶合成绝缘子,以其重量轻、便于安装、耐污性能好、免维护等优点,倍受电力部门的欢迎,在气候恶劣、污秽严重的地区使用,可以减少和防止因污闪而产生断电带来的损失,提高供电可靠性。它是替代瓷绝缘子的一种轻型、高耐污的新型绝缘子。合成绝缘子虽然成本高、价格贵、与瓷绝缘子的价格相差约 2 倍,但由于它具有优良的防污与机电性能,较好地克服了瓷绝缘子的不足之外,因此,近年来已在我国得到广泛使用。

思 考 题

1. 绝缘子的作用是什么? 举例说明其结构。

2. 敞露式母线有哪几种? 母线是如何实现绝缘的? 用多条矩形母线时,每相为何最好不超过三条?

3. 什么时封闭母线? 主要优点是什么? 适用哪些场所?

4. 简述分相封闭母线的主要结构与特点?

5. 母线为什么要涂漆?

6. 常用电缆有几大类? 主要特点是什么?

7. 简述电缆的结构和型号表示方法。

第 **5** 章
限流电器

限流电器在电力系统中用来提高供电线路中的短路阻抗,从而起到限制短路电流的作用。本章主要是从限流的原理和限流的方法讲起,然后再讲述两种常用的限流电器即分裂电抗器和分裂变压器的工作原理。限流电器的工作原理主要是:流过正常电流时,在它上面产生的压降不会影响供电电压的质量,而发生短路流过短路电流时,又可以起到限制短路电流的作用。本章将围绕这一工作原理进行讲解。

5.1 限流原理与措施

在电力系统中,短路电流是随着系统的装机容量增大而增大的。在大容量发电厂以及电力网络中可能会由于短路电流太大从而使得一些电气设备比如断路器等的选择难以实现。在这种情况下,可能要提高容量等级才能选择出合适的电气设备。但是提高容量等级来选择电气设备经济性差,为了采用价格较便宜的轻型电器以及选择截面比较小的导线,一般在发电厂和变电所的接线中采用一些限制短路电流的措施,减小短路电流。各种限流措施最终的目的是增大电源到短路点的等效电抗,从而达到限流的效果。

5.1.1 选择合适的主接线形式和运行方式

我们知道,在电路中并联支路越多,则它的等效阻抗越小,而串联支路越多,则它的等效阻抗越大。选择合适的主接线形式和运行方式来限制短路电流,主要是从增多串联支路,减少并联支路这一思路出发,从而达到限流效果。具体方法有:

1)在具有大容量发电机的发电厂中采用单元接线,主要是用来减小发电机端部短路以及母线短路时的短路电流。

2)双回线运行使其转为单回线运行。如图 5.1(a)所示,单回线运行比双回线并联运行时表现出来的电抗大。单回线运行时,若 d_1 点发生短路,则流过 1QF 的短路电流要比双回线运行时小。

3)两台变压器并联运行时,在其低压侧分裂运行。如图 5.1(b)所示,如果在低压侧分裂

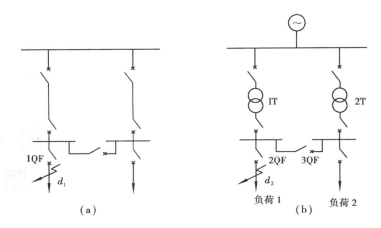

图 5.1 双回线路的运行方式

运行,在 d_2 点发生短路时流过 2QF 的短路电流比低压侧不分裂运行时小。但是,采用低压侧分裂运行时,要求母线 I 和母线 II 的负荷大小必须相同,否则变压器的电能损耗要比并联运行时大。其次就是为了提高它的供电可靠性,必须在 3QF 上装上备用电源自动投入装置,否则当 1T(或 2T)发生故障时会造成负荷 1(或 2)停电。

4)对于环网则实行开环运行。开环运行一般要求在穿越功率最小处开环。

为了限制短路电流,可以采用适当的主接线形式和运行方式。但是电网的主接线形式和运行方式是受电力系统运行的要求及电力负荷的要求所限制的。

5.1.2 采用限流电抗器

这一方法主要是在需要限流的支路上串联一个限流电抗器,使电路的阻抗值增大,达到限制短路电流的目的,从而可以选择容量较小的电气设备,减少投资。在线路发生故障的情况下,限流电抗器能维持母线较高的电压水平,保证用户电气设备工作的稳定性。一般我们把安装在母线分段上的称为母线分段电抗器。而装在出线上的称为出线电抗器。在装限流电抗器

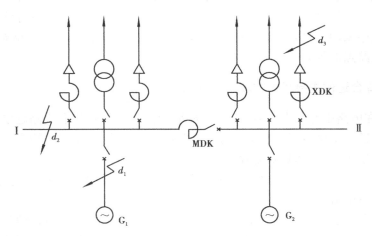

图 5.2 电抗器的作用和接法

时一般都是从母线出发先到断路器再到电抗器。由图 5.2 可知,当 d_1 发生短路时母线电抗器

MDK 能起到限制从 G_2 过来的短路电流。而当 d_3 发生短路时,出线电抗器和母线电抗器都能起到限制短路电流的作用。可见无论是发电厂内还是发电厂外发生短路,母线电抗器都能起到限制短路电流的作用。

一般我们在母线上都装有母线电抗器。母线电抗器不仅能限制母线的短路电流,同时也能限制出线的短路电流。在电力系统中,由于架空出线的电抗值很大,如果再加装出线电抗器,则意义不大。而电缆出线电容很大,如果装上出线电抗器的话,它的限流效果则较好。因此一般不在架空出线上装设限流电抗器,而在电缆出线上装设。

5.1.3　采用分裂变压器

这种方法一般用在具有大型发电机组的发电厂中。而且大型机组的厂用变压器要向两段独立的母线供电,此时要求两段母线之间有较大的阻抗,以减少一段母线短路时,由另一段母线所接的电动机而来的反馈电流。为了达到限制短路电流的要求,一般采用分裂变压器代替普通变压器。它的工作原理见后面章节的分析。

5.2　电　抗　器

5.2.1　普通限流电抗器

普通限流电抗器是单相、中间无抽头的空心电感线圈。在发电厂和降压变电所的 6 ~ 10 kV 配电装置中,常采用水泥电抗器。它是一个无导磁材料的空心电感线圈,它的绕组是由导线在同一个平面上绕成螺旋形的饼式线圈叠在一起构成,在沿线圈周围均匀对称的地方设有支架,在支架上用混凝土浇装成一个水泥支柱,作用于电抗器的骨架,并把线圈固定在骨架上。新型电抗器采用绝缘性能优良的聚酯薄膜与双层玻璃丝包铝线绕制,有较高电气强度,而且噪音低、重量轻。其额定电压一般有 6 kV、10 kV 这两种。有些厂家也生产有 6.3 kV 的,比如浙江沪光变压器有限公司生产的干式空心限流电抗器系列。额定电流有 200 ~ 4 000 A,可分为若干种。电抗器的百分电抗($X_k\%$)有 6 段:4,5,6,8,10,12。其符号一般表示为:

$$\text{XKDGKL-}\boxed{1}\text{-}\boxed{2}\text{-}\boxed{3}$$

其中　XK——限流电抗器;

　　　　D——单相(三相用 S 表示);

　　　　GK——干式空心;

　　　　L——铝线(铜线不标);

　　　　$\boxed{1}$——系统额定电压,kV;

　　　　$\boxed{2}$——额定电流,A;

　　　　$\boxed{3}$——百分电抗,% 。

表 5.1 给出了单相限流干式空心电抗器的参数,由表可见在相同的额定电流和百分电抗情况下,额定电压高的则它的额定电抗也大,同时它的单相重量也大。

表 5.1　单相限流干式空心电抗器的参数

型　　号	额定电压/kV	额定电流/A	百　分电　抗/%	额定电抗/Ω	热稳固电流(3s)/kA	动稳固电流/kA	单　相　重量/kg
XKDGKL－6－3500－4	6	3 500	4	0.039 6	87.5	223.1	712
XKDGKL－10－3500－4	10	3 500	4	0.066 0	87.5	223.1	876

5.2.2　分裂电抗器

普通电抗器装设在电路中是为了限制短路电流和维持母线残压,因而要求电抗器的电抗要大。但是在正常工作中又希望电抗器的电抗值小一些,使得正常运行时电压损耗小些。分裂电抗器就是为了解决这个矛盾而产生的。

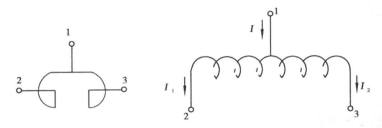

图 5.3　分裂电抗器原理图

分裂电抗器的结构是中间有一个抽头,它的绕组是由同轴的导线缠绕方向相同的两个分段组成。它的原理图如图 5.3 所示。一般情况是 1 接电源,而 2、3 接负荷。因此我们也把它称为双臂限流电抗器。其工作原理分析如下:

由于 $\dot{I}_1$ 和 $\dot{I}_2$ 的方向相反,所产生的互感电势为负值,因此可得:

$$\dot{U}_{12} = j\omega L_1 \dot{I}_1 - j\omega M \dot{I}_2$$

$$\dot{U}_{13} = j\omega L_2 \dot{I}_2 - j\omega M \dot{I}_1$$

设 $\dfrac{M}{L} = m$,两臂是对称的,则两臂的自感及所流过的电流相等,则有:

$$\omega M = X_M = m\omega L = mX_L$$

所以

$$\dot{U}_{12} = jX_L \dot{I}_1 - jmX_L \dot{I}_2 = jX_L(\dot{I}_1 - m\dot{I}_2)$$

$$\dot{U}_{13} = jX_L \dot{I}_2 - jmX_L \dot{I}_1 = jX_L(\dot{I}_2 - m\dot{I}_1)$$

式中　X_L——每臂的自感电抗;

　　　X_M——两臂的互感电抗;

　　　m——互感系数,与电抗器的结构有关,一般取 0.5。

正常运行时:

$$\dot{I}_1 = \dot{I}_2 = \frac{1}{2}\dot{i}$$

$$X_{12} = \frac{\dot{U}_{12}}{j\dot{I}_1} = X_L(1 - m) = X_{13}$$

发生短路时(设 2 端短路):

$$\dot{I}_1 \gg \dot{I}_2$$
$$X_{12} = X_L$$

如果两分支的互感系数取 0.5,则它们正常运行时每个分段的电抗是普通电抗器的 25% ,即是它们每分支自感抗的 50% 。发生短路时,比如在 2 端发生短路,短路电流从端点 1 流入端点 2。则由于 $\dot{I}_2$ 远远小于 $\dot{I}_1$,流入端点 3 的电流可以忽略。限制流入端点 2 的短路电流阻抗为该支路的自感抗,为普通电抗器的 50% ,比正常运行时的阻抗值增大一倍。

由以上分析可见,分裂电抗器正常运行时阻抗值较小,引起的电压损耗值小。发生短路时的阻抗为正常运行阻抗的 2 倍。使限制短路电流的作用得到了加强。但是,对于分裂电抗器而言,要求正常运行时两臂电流应平衡,否则会引起两臂电压降不一致,给供电带来一定的困难。

在满足正常电压损耗的条件下,一般分裂电抗器的阻抗是越大限流效果越好。但如果分裂电抗器太大的话,又可能导致当一支负荷突然切除时,切除支路的负压会使该支路产生过电压,而没有切除的支路也会产生一个很大的压降。因此我们一般要求分裂电抗器的阻抗不能太大(一般不超过 12%)。其符号一般表示为:

$$\text{F K L-} \boxed{1} \text{-2} \times \boxed{2} \text{-} \boxed{3}$$

其中　　FK——分裂电抗器;

　　　　L——铝线(铜线不标);

　　　　$\boxed{1}$——额定电压,kV;

　　　　$\boxed{2}$——每臂额定电流,A;

　　　　$\boxed{3}$——百分电抗,% 。

5.3　分裂变压器

前面讲到,如果两个并联运行的变压器低压侧进行分裂运行,则可以起到限制短路电流的作用。那么能不能把一台容量较大的变压器变换为两台电抗值与它相同的变压器,然后在它们的低压侧分裂运行呢?显然这个方法是可行的。但变压器单位容量的造价(元/kVA)是随单台容量的增加而下降的,因此增加变压器台数,减少单台容量会增大变压器的本体的投资。为了解决这一矛盾,一般采用分裂变压器来实现。

(1)用于厂用变压器

图 5.4 所示为分裂变压器接线图。为了使分裂变压器的阻抗结构完全等效于两台变压器,制作时一般是使 $X_1 \approx 0$,$X_{2'} = X_{2''}$。如果 2' 和 2″所带负荷平衡,正常运行时:

61

$$X_{1\text{-}2} = X_1 + \frac{X_{2'}}{2} \approx \frac{X_{2'}}{2}$$

当某一负荷支路发生短路时(如2'),则限制流入2'的短路电流的阻抗为:

$$X_{1\text{-}2'} = X_1 + X_{2'} \approx X_{2'} \approx 2X_{1\text{-}2}$$

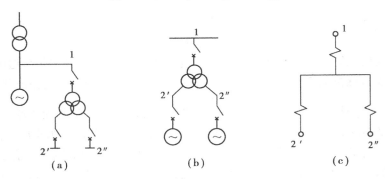

图 5.4　分裂变压器接线图
(a)分裂变压器用作厂用变压器　(b)分裂变压器用于扩大单元接线
(c)分裂变压器的等值电路图

可见发生短路时的短路阻抗为正常运行时的阻抗的2倍。

(2)用于中小型机组扩大单元接线中的主变压器

正常运行时:

$$X_{1\text{-}2} = X_1 + \frac{X_{2'}}{2} \approx \frac{X_{2'}}{2}$$

发生短路时(如2'),如果另一台发电机停机不工作,短路电流由系统提供。限制该短路电流的阻抗为:

$$X_{1\text{-}2'} = X_1 + X_{2'} \approx X_{2'} \approx 2X_{1\text{-}2}$$

如果系统不提供短路电流,短路电流由另一发电机提供。限制该短路电流的阻抗为:

$$X_{2'\text{-}2''} = X_{2'} + X_{2''} \approx 2X_{2'} \approx 4X_{1\text{-}2}$$

如果系统和另一发电机同时提供短路电流,由于$X_{2'}$为两个电流的通道,使得限制短路电流的阻抗比$X_{1\text{-}2}$和$X_{2'\text{-}2''}$有所提高。从而可以得到结论:

①正常运行时低压绕组电抗只相当于两分裂绕组短路电抗的25%。

②一台发电机出口短路时,另一台发电机提供的短路电流受到$X_{2'\text{-}2''}$的限制,而$X_{2'\text{-}2''}$与正常运行的阻抗$X_{1\text{-}2}$的关系为:

$$X_{2'\text{-}2''} = X_{2'} + X_{2''} \approx 4X_{1\text{-}2}$$

③系统短路电流受到$X_{1\text{-}2'}$的限制:

$$X_{1\text{-}2'} = X_1 + X_{2'} \approx X_{2'} \approx 2X_{1\text{-}2}$$

一般把$X_{1\text{-}2}$称为穿越阻抗,$X_{1\text{-}2'}$称为半穿越阻抗,$X_{2'\text{-}2''}$称为分裂阻抗。定义分裂系数$K_f = \dfrac{X_{2'\text{-}2''}}{X_{1\text{-}2}}$,在运行中一般$K_f$越大,则它限制短路电流的能力越好。当分裂变压器用作大容量机组的厂用变压器时,与双绕组变压器相比,它限制短路电流显著。如果分裂绕组另一支路由电动机供给短路点的反馈电流,因受分裂阻抗的限制,亦减少很多。当分裂绕组的一个支路发生故障时,另一支路母线电压降低比较小。同样,当分裂变压器一个支路的电动机自启动,另一个支路的电压几乎不受影响。但分裂变压器的价格较贵,一般分裂变压器的价格约为同容量的普通变压器的 1.2 倍。

5.4　限流电器的应用

5.4.1　限流电抗器的布置

电抗器的布置有垂直、水平和品字形布置 3 种方式,一般线路电抗器采用垂直或品字形布置。当电抗器的电流超过 1 000 A,电抗值超过 5% ~6% 时,宜采用品字形布置。额定电流超过 1 500 A 的母线分段电抗器或变压器低压侧的电抗器,则采用水平布置。

安装电抗器必须注意的是:垂直布置时,B 相应放在上、下两相之间;品字形不应将 A、C 相重叠在一起。这是因为 B 相电抗器线圈的绕向与 A、C 相不同,因此在外部短路时,电抗器相间的最大作用力是吸引力,使得相邻两相电抗器之间的绝缘子承受的最大电动力为压缩力。它们的布置如图 5.5 所示,其中(a)图为垂直布置,(b)图为品字形布置,(c)图为水平布置。

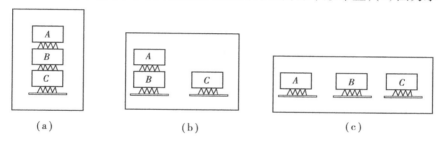

（a）　　　　　　　　　　　（b）　　　　　　　　　　　（c）

图 5.5　电抗器的布置方式

5.4.2　电抗器的使用

一般电抗中功率损失不大,约为通过电抗器功率的 0.15% ~0.4% 。电抗器中的电抗压降,在短路时有助于维持母线残压。如图 5.6 所示,当线路电抗器后面发生三相对称短路(d_3)时,若该线路不装限流电抗器,母线上电压此时将降到零。这将使厂用电动机被迅速制动,因而使动力装置的工作受到严重的影响。假如短路故障切除太慢,有可能造成停机。同时短路切除后,厂用电动机转速恢复也较慢。装设了电抗器,短路电流在电抗器中的电压降就是母线残余电压。当残余电压足够高时,则

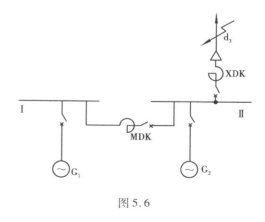

图 5.6

厂用电动机受到的影响就较小,短路切除后电动机转速恢复也就较快。一般要求线路电抗器能维持大于母线残压的 60% ~70% 。

母线电抗器也有维持残压的作用。如图 5.6 所示,当一段母线发生三相短路时,将使另一段母线有一定残压。

残压百分数的计算:

$$U_{rem} = \frac{\sqrt{3}I''X_L}{U_{NL}} \times 100\% = X_L \times \frac{I''}{I_{NL}} \times 100\%$$

5.4.3　分裂变压器的使用

如图 5.4 所示,厂用电接线是由 2 台厂用工作变压器分别从各自的发电机出口引出,厂用变压器采用分裂变压器,其型号为 SFF$_7$—31500/15,其容量为 31.5/20/20 MVA。采用分裂绕组变压器后,可以不用加装电抗器就可以使短路电流降到设备的允许值。虽然这种变压器比普通变压器贵 20% 左右,但它的限流效果很好,特别适用于大型机组的接线,比如对复式双轴汽轮发电机组或具有双绕组的发电机,接线非常方便。现在一般很多中型电厂的厂用变压器都是采用分裂变压器,主要就是采用分裂变压器后,如果短路电流可以限制下来,则可以不用再加装限流电抗器。

思　考　题

1. 限制短路电流的目的是什么? 限制短路电流的基本措施有哪些?

2. 普通限流电抗器的结构如何? 其基本参数有哪些? 为什么其百分电抗 $X_k\%$ 随额定电流的增加而相应提高?

3. 分裂电抗器的结构如何? 为什么其短路时的等效电抗高于正常运行时的等效电抗?

4. 试述分裂变压器的限流原理,并说明在正常运行时它的电压损耗和发生故障时有何不同?

5. 分裂变压器的阻抗参数如何定义? 它们之间的关系如何?

第6章 电气主接线

电气主接线是由各种电气设备如发电机、变压器、断路器、隔离开关、互感器、母线、电缆、线路等按照一定的要求和顺序连接起来,完成电能的输送和分配的电路。电气主接线是传输强电流、高电压的网络,故又称为一次接线或电气主系统。用国家统一规定的图形和文字符号表示各种电气设备,并按工作顺序排列,详细地表示电气主接线的全部基本组成和连接关系的接线图,称为主接线图。因三相交流电路一般情况下是对称电路,因此电气主接线图是单线图,某些局部因三相结构不同而用三相表示(电流互感器、阻波器等)。

在绘制主接线图时,电气设备应采用国家标准规定的统一符号,如表6.1所示。

表6.1 主要一次设备的图形符号和文字符号

序号	设备名称	图形符号	文字符号	序号	设备名称	图形符号	文字符号
1	交流发电机		G 或 GS	9	分裂电抗器		L
2	直流发电机		G 或 GD	10	避雷器		FU
3	交流电动机		M 或 MS	11	火花间隙		F
4	直流电动机		M 或 MD	12	电力电容器		C
5	双绕组变压器		T 或 TM	13	整流器		U
6	三绕组变压器		T 或 TM	14	电流互感器		TA
7	自耦变压器		T 或 TM	15	双绕组电压互感器		TV
8	电抗器		L	16	三绕组电压互感器		TV

续表

序号	设备名称	图形符号	文字符号	序号	设备名称	图形符号	文字符号
17	输电线路		L 或 WL	24	具有自动释放的负荷开关		Q
18	母线		W 或 WB	25	接触器		K 或 KM
19	电缆终端头		W	26	具有自动释放的接触器		K 或 KM
20	隔离开关		Q 或 QS	27	低压断路器		K 或 KM
21	隔离插头和插座		Q 或 QS	28	熔断器	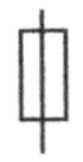	FU
22	断路器		Q 或 QF	29	跌落或熔断器		FU
23	负荷开关		Q	30	接地		

6.1　对电气主接线的要求

电气主接线代表了发电厂或变电站电气部分的主体结构,是电力系统网络结构的重要组成部分。它直接影响运行的可靠性、灵活性,并对电器选择、配电装置布置、继电保护、自动装置和控制方式的拟订都有决定性的关系。电气主接线的确定必须综合处理各方面的因素,经过技术、经济论证后方可确定。

根据电力工业设计经验的积累和发电厂、变电站实际运行的经验,为满足电力系统的需要,对电气主接线提出了以下基本要求:

①保证对用户供电必要的可靠性;

②接线应力求简单、清晰、操作简便;

③运行灵活,设备投、停方便,检修、隔离、维护方便;

④投资少、运行费用低;

⑤有扩建的可能性。

对电气主接线的基本要求,概括地说应包括主要的三个方面:可靠性、灵活性和经济性。其次应考虑发展和扩建的可能性。

6.1.1　可靠性

安全可靠是电力生产的首要任务,保证供电可靠性是电气主接线最基本的要求。事实表明:事故停电不仅是电力部门的损失,而且对国民经济各部门造成的损失更加严重,随着国民经济的发展往往数十倍、数百倍于电力部门的直接损失,严重时可能导致的人生伤亡、设备损坏、产品报废、城市生活混乱等经济损失和政治影响,其后果更是难以估计。因此,保证电气主接线的可靠性是头等重要的基本要求。而主接线的可靠性与经济性是互为矛盾的两个方面,因此,在分析和评估电气主接线可靠性时应从多个方面综合、辩证地考虑:

(1) 可靠性并不是绝对的

同样的电气主接线对某些发电厂或变电站是可靠的,而对另一个发电厂或变电站有可能是不可靠的。因为发电厂和变电站都是电力系统的重要组成部分,一个大型发电厂或枢纽变电站相比于中小型发电厂或终端变电站来说,事故影响的波及面及后果是不一样的。因此,在分析电气主接线的可靠性时,不能脱离发电厂或变电站在电力系统中的地位与作用。

(2) 可靠性的客观衡量标准是运行实践

在估价某电气主接线可靠性时,应充分考虑长期运行经验总结,不能凭主观臆断。通常定性分析和衡量电气主接线可靠性时(电气主接线的可靠性衡量还可以通过定量的计算),可以从以下几个方面考虑:

1) 断路器检修时是否影响停电;

2) 设备和线路故障或检修时,停电线路数目的多少和停电时间的长短,以及能否保证对Ⅰ、Ⅱ类用户的供电;

3) 有没有使发电厂或变电站全部停电的可能性;

4) 大机组突然停运时,对电力系统稳定运行的影响与后果。

主接线可靠性还与运行管理水平和运行值班人员的素质有密切关系。

(3) 可靠性与电气设备的可靠程度有直接关系

电气主接线是由电气设备组成的,高质量电气设备不仅可减少事故率,提高可靠性,而且还可以简化接线。随着电力工业的不断发展,大容量机组及新型设备的投运、自动装置和先进技术的使用,都有利于可靠性的提高,但不等于设备及其自动化元件使用得越多、越新、接线越复杂就越可靠。相反,不必要地多用设备,使接线复杂、运行不便,将会导致主接线可靠性降低。电气设备的可靠性不仅是针对一次设备的,还应包括二次设备的可靠性。

(4) 可靠性是发展的

随着电气制造水平的不断提高,自动重合闸和带电作业的采用以及系统备用容量的增加,过去认为须带旁路的接线,因 SF_6 断路器的使用,可以去掉旁路;过去认为不够可靠的单母分段,目前广泛采用在发电厂的厂用电接线中。

6.1.2　灵活性

电气主接线应能适应各种运行方式的要求,即电气主接线应能根据调度的要求快速、方便地进行运行方式之间的转换;一旦出现事故或设备检修时,能尽快切除故障,退出设备,防止事故的扩大。同时通过灵活、简便的操作,使停电时间最短,影响范围最小,并能保证检修人员的安全。

电气主接线应简单清晰,操作方便。复杂的接线,因操作不便,往往会导致运行人员出现误操作而引发事故。但接线也不能过于简单,否则不但不能满足运行方式的需要,也会给运行带来不便,或造成不必要的停电。

6.1.3 经济性

经济性是指主接线的总投资省和今后的年运行费用最少,占地面积最小。经济性与可靠性有其矛盾的一面,但也有其统一的一面。过分强调经济性,为节省投资而减少设备,将会造成事故和停电,反而会得不偿失。因此,在考虑主接线经济问题时,必须以安全可靠为前提。在保证安全的前提下,再求经济性,使发电厂和变电站尽快地发挥经济效益。

主接线在满足以上技术经济等方面的基本要求时,还应考虑能源规划和今后的发展,使其有扩建的可能性,以预留出线间隔或机组、变压器的占地面积,一次设计分期建设,以适应当地国民经济的发展需要。

6.2 电气主接线的形式

电气主接线的基本组成是电气设备,基本环节是:电源(发电机或变压器)、母线和出线(馈线)。当电源数和出线数不相等时,为了便于电能的汇集和分配,采用母线作为中间环节,可使接线简单清晰,运行方便,有利于扩建。但加装母线后,配电装置占地面积较大,使用断路器等设备较多。若不要汇流母线,电气主接线占用的占地面积及断路器数会减少,投资也小,但其只适用于进、出线回路少,不需再扩建的发电厂或变电站。

电气主接线的基本接线形式依据是否采用母线,分为有母线和无母线两大类。有母线类如:单母线及单母线分段接线、双母线及双母线分段接线、单母线或双母线带旁路接线、一个半断路器接线等。无母线类如:多角形接线、桥形接线、发电机-变压器单元接线、发电机-变压器-线路组单元接线等。

6.2.1 有母线类接线

有母线类接线中,电源回路及出线回路的开关电器的配置组合是:一回路(支路)一台断路器,断路器两侧(一侧)配置隔离开关。断路器有完善的灭弧装置,其功能是:①正常情况时接通及断开电路;②事故情况时自动切除故障。隔离开关没有灭弧装置,其功能是:对检修的电气设备实施检修隔离。

在有母线类接线中,为了减少母线中功率及电压的损耗,应合理地布置出线和电源的位置,减少功率在母线上的传输。

(1)单母线接线

1)单母线接线

图6.1所示为单母线接线。

①接线特点

只有一条汇流母线处于电源进线和馈线之间,发电机或变压器的电源回路(进线)通过一组开关电器并接于母线上,向母线汇集电能;所有出线(馈线)由一组开关电器连接在母线上,将功率输出,各出线回路输出功率不一定相等,但应尽可能使负荷均衡地分配在母线上,以减少功率在母线上的传输。在每一出线回路中,断路器母线侧应配置隔离开关,称为母线侧隔离开关 QS_2;出线侧配置的隔离开关,称线路侧隔离开关 QS_3。若馈线对侧没有电源时,断路器馈

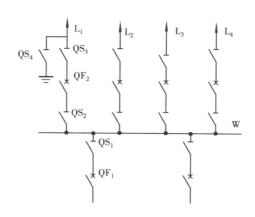

图 6.1　单母线接线

QF—断路器;QS—隔离开关;W—母线;L—线路

线侧可不加隔离开关 QS₃。因隔离开关的投资不大,也可加装,以防止过电压的侵入,更加安全。电源回路中,断路器母线侧隔离开关为 QS₁,断路器发电机侧可不加隔离开关,因为其断路器必定在停机状态下检修;对于断路器变压器侧的隔离开关的加装,应根据该回路停电后是否须隔离电源来确定。

②运行说明及基本操作

根据断路器和隔离开关的性能,电路的操作顺序为:接通电路时应先合断路器两侧的隔离开关,再合断路器;切断电路时,应先断开断路器,再断开两侧的隔离开关。例如,图 6.1 中 L₁ 馈线回路送电时的操作顺序:先合 QS₂、QS₃,再合 QF₂;停电时反顺序先断开 QF₂,再断开 QS₃、QS₂。

实际运行中须严格遵守操作顺序,否则会出现误操作引发事故。为了防止误操作除了严格执行操作制度外,在断路器和隔离开关之间,应加装闭锁装置。图 6.1 中 QS₄ 称为接地开关,其作用是:电路或设备检修时合上,作为安全接地线之用。

③优、缺点分析

单母线接线的优点是:简单清晰、设备少、投资少、运行操作方便,且有利于扩建。缺点是:母线和母线侧隔离开关检修期间和短路时,会造整个配电装置停电;出线回路断路器检修时,该回路要停电。

④适用范围

因单母线接线可靠性和灵活性差,这种接线只适用于 6~22 kV 系统中只有一个电源、且出现回路少的小型发电厂或多数箱式变电站中。

2)单母线分段

为了提高供电的可靠性和灵活性,采用加装分段断路器 QF₁ 将单母线进行分段,如图 6.2 所示。

①接线特点

母线按电源的数目和功率、电网的接线及运行方式分段,通常以 2~3 段为宜,段数分得越多,故障时停电范围越小,但使用断路器的数量亦越多,配电装置和运行也越复杂。采用双回供电线路引接于不同的分段上,由两个电源供电,以提高供电的可靠性和灵活性。

在可靠性要求不高时,为减少一台分段断路器的投资可用隔离开关 QS₁ 分段。

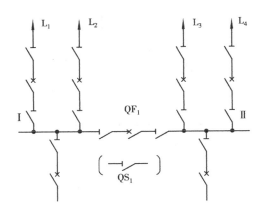

图 6.2　单母线分段

②运行说明及基本操作

该接线的基本操作与单母线一样,主要是保证断路器与隔离开关的操作顺序。

分段断路器可接通运行,也可断开运行(有特殊要求时)。

当分段断路器接通运行时,任意一段母线发生故障时,分段断路器在继电保护装置的作用下,自动跳开将故障段隔离,保证非故障段的继续运行。两段母线同时故障的几率很小,不到亿分之一,因此,全部停电的情况可以不予考虑。

分段断路器断开运行时,分段断路器除装有继电保护装置外,还应装有备用电源自动投入装置。当任一电源故障时,电源断路器自动断开,而分段断路器 QF₁ 可以自动投入,保证由另一分段电源给全部出线供电。分段断路器 QF₁ 断开运行时,还可以起到限制短路电流的作用。

对于用隔离开关分段的接线,任一母线故障仍会造成全部停电,其好处在于停电判别故障后,拉开分段隔离开关 QS₁,完好段即可恢复运行。另外,可以在不同的时间内进行检修或清扫,这时只停止一段母线运行,另一段母线和电源可以继续运行。

③优、缺点分析

单母线分段接线的优、缺点是:A. 母线发生故障时,仅故障母线段停止工作,非故障段仍可继续运行,相比单母线接线缩小了母线故障的影响范围;B. 对双回重要用户,将双回线路分别接于不同的分段上,以保证对重要用户的供电;C. 当一段母线故障或检修时,将使该母线段电源、出线全部停电,减少了系统的发电量,该段单回出线用户停电;D. 任一出线的断路器检修时,该回路必须停电。

④适用范围

一般来说单母线分段接线应用在电压等级为 6 ~ 10 kV、出线在 6 回及以上时,每段所接容量不宜超过 25 MW;电压等级为 35 ~ 60 kV 时,出线数不超过 8 回;电压等级为 110 ~ 220 kV 时,出线数不宜超过 4 回。

3)单母线分段带旁路母线

断路器经过长期运行和切除一定次数短路电流后需要进行检修。一些重要用户,要求不停电检修断路器,实际中其解决的办法是加装旁路母线。如图 6.3、图 6.4 所示。

①接线特点

在出线隔离开关外侧,加装一条旁路母线 W₃,每一回出线通过一旁路隔离开关 QSₚ 与旁母相连;在每段汇流母线与旁母之间加装一台断路器 QF$_P$,组成专设旁路断路器的接线,如图6.3 所示。图中虚线表示旁路母线系统也可用于检修电源回路中的断路器,但这样接线比较复杂,不便于配电装置的布置,且增加了投资,实际中一般不采用。

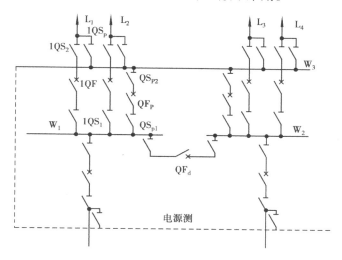

图 6.3　单母分段带旁路母线的接线

带有专用旁路断路器的接线,多装了断路器增加了投资,当供电有特殊要求或出线数目过多时,整个出线断路器的检修时间较长时采用。当出线回路较少时,常采用图6.4、图6.5 所示的用分段断路器兼作旁路断路器的接线方式。

②运行说明及操作

正常情况下,旁路母线不带电,旁路断路器 QS$_P$ 及其两侧的隔离开关处于断开运行。当检修任一出线断路器时,通过倒闸操作实现不停电检修该断路器。

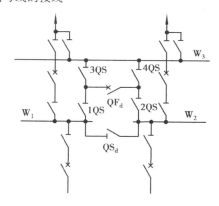

图 6.4　分段断路器兼做旁路的单母线分段接线

如图6.3 所示,出线 L$_1$ 断路器 1QF 检修时的操作步骤为:A. 接通 QF$_P$ 两侧的隔离开关 QS$_{P1}$、QS$_{P2}$,接通断路器 QF$_P$,给旁路母线充电,检验旁路母线有无故障,若旁母 W$_3$ 有故障断路器 QF$_P$ 立即跳开,若旁母完好则 QF$_P$ 合好;B. 因为隔离开关 1QS$_P$ 两侧处于等电位,允许其合上,其余出线与旁路相连的隔离开关都是断开的;C. 断开检修断路器 1QF,断其两侧的隔离开关 1QS$_2$、1QS$_1$,这样用旁路断路器替代检修断路器运行。这时向出线 L$_1$ 送电电路为:母线、旁路断路器 1QF$_P$ 回路、旁路隔离开关、旁母 W$_3$。

断路器 1QF 检修完毕后,恢复供电的操作步骤为:A. 先接通断路器 1QF 两侧的隔离开关 1QS$_1$、1QS$_2$,再接通断路器 1QF;B. 断开旁路断路器 QF$_P$,再断开其两侧隔离开关 QS$_{P2}$、QS$_{P1}$;C. 断开出线 L$_1$ 与旁母相连的隔离开关 1QS$_P$。

对于用分段断路器兼作旁路断路器的单母线分段接线(见图6.4),正常情况下,旁母侧的隔离开关 3QS、4QS 断开,隔离开关 1QS、2QS 及断路器 QF$_d$ 接通。例如当要检修 W$_1$ 段母线上的出线断路器时,用隔离开关 1QS、4QS、断路器 QF$_d$ 连接成为旁路回路,这时两段汇流母线不能并列运行。对两汇流母线必须并列运行的情况,可利用分段隔离开关 QS_d,在分段断路器连接于两汇流母线时先合上 QS_d,然后才能进行断路器 QF_d 的功能转换。

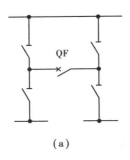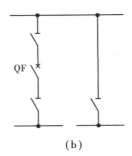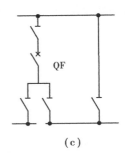

图 6.5 分段兼旁路断路器的接线形式

(a)不装母线分段隔离开关 (b)(c)正常运行时,旁路母线带电

在图 6.5 接线中,图(a)为当分段断路器兼旁母时,两汇流母线不能并列运行;图(b)(c)为正常运行时旁母带电。

③优、缺点分析

单母线分段带旁路母线的优点是:简单、清晰,操作方便、易于扩建;当检修出线断路器时可不停电检修。其缺点是:当汇流母线检修或故障时,该段母线将全部停电。

④适用范围

电压等级越高,少油式断路器检修所需的时间越长。电压等级为 110 kV,出线在 6 回以上,220 kV 出线在 4 回及以上时,一般采用带专用旁路断路器的旁路母线;新设计规程中指出,当断路器为六氟化硫(SF_6)型时,可不设旁路设施。

35 ~ 60 kV 电压等级接线,当有不允许停电检修断路器的要求时,可设置分段断路器兼旁路断路器的旁路母线接线。

6 ~ 10 kV 电压等级接线,因为其负荷小、供电距离短,容易取得备用电源;并且出线大多采用电缆馈线,事故分闸次数少;特别是目前采用成套配电装置,加上采用灭弧室不需检修的真空断路器,因此,不设旁路母线。

(2)双母线接线

1)双母线接线

单母线接线,工作母线检修及事故时停电时间较长,当电源容量大,单回供电回路数多时,单母线接线不能保证供电的可靠性,此时宜采用双母线接线。如图 6.6 所示。

①接线特点

在电源进线和馈线之间设置两条母线 W_1、W_2,每一回路设一台断路器,通过两组母线侧隔离开关分别与两组母线连接;两组母线之间通过一母线联络断路器 QF_c 连接。

②运行说明及操作

正常情况下,任一回路只能通过一把隔离开关和一条母线相接。实际中采用的运行方式如:

A. 固定连接方式:一些电源和出线固定地连接在一条母线上,另一些母线和出线固定地连接在另一母线上,母线联络断路器闭合,即两组母线都是工作母线,互为备用,相当于单母线分段运行。这种方式可靠性较高,一般作为长期的运行方式。

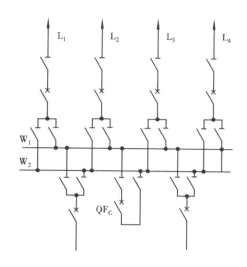

图 6.6　双母线接线

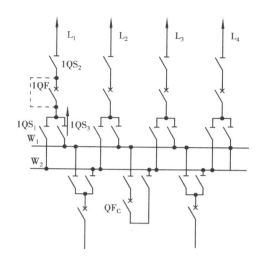

图 6.7　用母联断路器代替出线断路器时电流的路径

B. 特殊运行方式:采用一组母线工作,一组母线备用或检修或事故,母联断路器断开。这种方式相当于单母线运行,可靠性差,因此作为母线或母线侧隔离开关检修(清扫)时采用。

C. 在特殊需要时:将个别回路接在备用母线上单独工作或试验,母联断路器合上或用母联断路器替代该回路断路器。如图 6.7 所示,断路器 1QF 需检修,但该回路不能长期停电,可将该回路单独接在备用母线上,用母联断路器 QF_C 替代 1QF,停电后将断路器 1QF 两侧接线端拆开,并用"跨条"将缺口接通。

任一电源或出线回路由工作母线切换到备母线,或各种运行方式之间转换的基本操作是倒母线,通过倒母线操作,任一回路将不会停电。

倒母线操作的基本原则是:

A. 首先母联断路器一定要合上,并取下母联断路器的操作保险,使其成为一"死开关",以保证操作中两条母线始终并列为等电位,以实现隔离开关的等电位切换。

B. 然后必需先依次合上所有回路与备用母线相连的隔离开关,再依次断开与工作母线相连的隔离开关。这里隔离开关的"先合后断"也是为了保证隔离开关在等电位下进行操作,而不会产生电弧。

例如:在一条母线为工作母线,另一条母线专作备用的情况下,进行倒母线。具体步骤为:
a. 合上母联断路器两侧的隔离开关、母联断路器,给备用母线充电,以检验备用母线是否完好;
b. 在充电成功的条件下,取下母联断路器的操作保险。

C. 依次合上所有回路与备用母线相连的隔离开关,再依次断开与工作母线相连的隔离开关。

D. 断开母联断路器及其两侧的隔离开关。

E. 若备用母线需要进行检修时,还需对停电母线验电,在无电的情况下,合上母线接地刀闸或挂上接地线,布置好安全措施等工作。

当工作母线或工作母线侧隔离开关故障时,母联断路器及该母线上的电源回路断路器在继电保护的作用下,将全部跳开。这时,只要断开故障母线上各出线断路器和各回路母线侧隔离开关,拉开母联断路器两侧的隔离开关,接通各回路的备用母线侧的隔离开关,再接通各电源和出线的断路器,这样故障母线上各回路便迅速在备用母线上恢复运行。

③优、缺点分析

双母线接线与单母线分段比较的优点有:采用一条母线工作,另一母线可实现不停电检修;任一回路母线隔离开关检修时,通过倒母线使该回路单独在备用母线上停电检修;母线故障时,所有回路能迅速切换到非故障母线上运行;在特殊情况下,可将个别回路接在备用母线上单独工作或试验。

总之双母线接线具有运行方式比较灵活,可靠性较高,便于扩建等优点。

双母线接线与单母线分段比较的缺点有:设备(特别是隔离开关)增多,配电装置布置复杂,投资和占地面积增大;当进行倒母线操作时,隔离开关作为带电操作电器,易出现误操作,为此在隔离开关和断路器之间需加装闭锁装置;当母线故障时,须短时切换较多电源和负荷;当检修出线断路器时,该回路仍会停电。

④适用范围

双母线接线在我国大、中型发电厂和变电站中广为采用,并已积累了丰富的运行经验。35～60 kV 出线数超过 8 回以上时,或连接电源较多、负荷较大时,一般采用双母线接线;电压等级为 110 kV 出线数目为 5 回及以上时,一般也采用双母线接线;电压等级为 220 kV 出线数目在 3 回及以上时,采用双母线接线。

2)双母线分段

当进出回路数或母线上电源较多,输送和通过功率较大时,在 6～10 kV 配电装置中,短路电流较大,为选择轻型设备,限制短路电流,提高接线的可靠性,常采用双母线三分段接线,并在分段处加装母线电抗器,如图 6.8 所示。这种接线具有很高的可靠性和灵活性,但增加了母线联断路器和分段断路器的数量,配电装置投资较大,35 kV 以上很少采用。

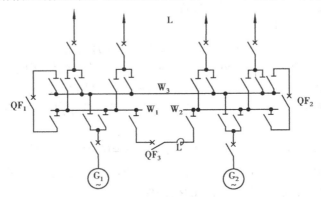

图 6.8 双母线分段接线

3)双母线带旁路母线

双母线接线与单母线相比提高了供电的可靠性,但在检修出线断路器时,该出线将会停电,若加装旁路母线则可避免检修断路器时造成短时停电。

①接线特点

在出线隔离开关外侧,加装一条旁路母线 W_3,每一回出线通过一旁路隔离开关 QS_P 与旁母相连;在每段汇流母线与旁母之间加装一台断路器 QF_P,组成专设旁路断路器的接线,如图 6.9 所示。图中旁路母线系统也可用于检修电源回路中的断路器,但这样接线比较复杂,不便于配电装置的布置,且增加了投资,实际中一般不采用。

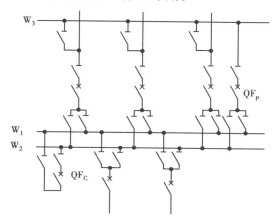

图 6.9　具有专用旁路断路器的旁路母线接线

带有专用旁路断路器的接线,多装了断路器增加了投资,当供电有特殊要求或出线数目过多时,整个出线断路器的检修时间较长时采用。一般来说为了节省投资,常采用图 6.10 所示的用母联断路器兼作旁路断路器的接线方式。

②运行说明及操作

具有专用旁路断路器的旁路母线操作与单母线带旁路母线的操作基本一样。

对于母联兼旁路断路器接线的形式要注意的是:如图 6.10 所示,正常运行时 QF 起母联作用,当检修断路器时,将所有回路都切换到一组母线上,然后通过旁路隔离开关将旁路母线投入,以母联断路器代替旁路断路器工作。图 6.10(a)所示为一组母线能带旁路;图 6.10(b)所示为两组母线均能带旁路;图 6.10(c)(d)设有旁路跨条,采用母联兼旁路断路器。

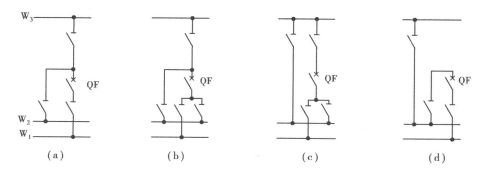

图 6.10　母联兼旁路断路器接线形式

③优、缺点分析

采用专设旁路断路器接线,避免了检修断路器时造成短时停电。这种接线运行操作方便,不影响双母线正常运行,但多装一台断路器,增加了投资和配电装置的占地面积。且旁路断路器的继电保护为适应各回出线的要求,其整定较为复杂。

采用母联兼旁路断路器接线虽然节省了断路器,但在检修断路器期间把双母线变成单母线运行,并且增加了隔离开关的倒闸操作,可靠性有所降低。

（3）一台半断路器接线

1）接线特点

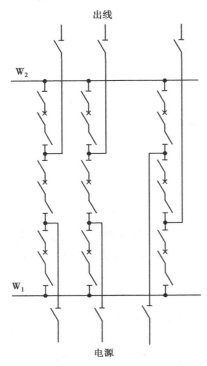

图 6.11 一个半断路器的接线

如图 6.11 所示，每两个回路用三台断路器接在两组母线上，在两断路器之间引接回路，形成每一回路经一台断路器接至一组母线，两个回路间设一联络断路器，形成一个"串"，这样两回路共用三台断路器，故又称二分之三断路器接线。

在一个半断路器接线中，一般采用交叉配置原则，电源线宜与引出线配合成串；为了进一步提高供电的可靠性，同名回路配置在不同串内，避免当联络断路器故障时，同时切除两个电源线。此外，同名回路还不宜接在不同侧的母线上。

2）运行与操作说明

正常运行时，所有断路器都是接通的，两组母线同时工作。

操作上应注意隔离开关与断路器的操作顺序。

3）优、缺点分析

任一组母线检修，或任何一台断路器检修时，各回路仍按原接线方式运行，不需要切换任何回路，避免了利用隔离开关进行大量倒闸操作，十分方便。母线故障时，只是与故障母线相连的断路器自动分闸，任何回路不会停电，甚至在一组母线检修，一组母线故障的情况下，功率仍能继续输送；只有在联络断路器发生故障时，与其相连的两回路才短时停电。因此，这种接线操作简单、运行灵活、有较高的供电可靠性。

4）适用范围

一个半断路器接线，目前在国内广泛地用于大型发电厂和变电所的 500 kV 超高压配电装置中，一般进出线数在 6 回及以上时宜于采用。但这种接线投资较大，继电保护比较复杂。

6.2.2 无母线类接线

无母线类接线的特点，是在电源与引出线之间或接线中各元件之间没有母线连接。常见的有桥式接线、多角形接线和单元接线。

（1）单元接线

这种接线是几个元件直接单独连接，其间没有任何横向的联系（母线）。这样不仅使配电装置结构简化和造价降低，同时大大减小了故障的可能性。单元接线有 3 种类型：发电机-变压器单元接线、发电机-变压器-线路单元接线和变压器-线路单元接线。

1）发电机-变压器单元接线的接线特点

如图 6.12（a）所示为发电机-双绕组变压器单元接线。发电机和变压器容量相同，必须同时工作，所以在发电机与变压器之间可不装断路器。特别是 200 MW 及以上的机组，由于发电机回路额定电流或短路电流过大，使得选择出口断路器时，受到制造条件或价格甚高等原因的影响,发电机与变压器之间是不装断路器的,采用分相封闭母线以减少发电机回路故障的概率。由于采用封闭母线,不宜装隔离开关,但为了发电机调试方便而装有可拆的连接点。

图 6.12(b)(c)所示为发电机-三绕组变压器单元接线和发电机-自耦变压器单元接线。为在发电机停止工作时,变压器高压和中压侧仍能保持联系,在发电机与变压器之间应装设断路器。但对大容量机组,断路器的选择困难,而且采用分相封闭母线后安装也较复杂,故目前200 MW 及以上的大机组中极少采用这种接线。

2)发电机-变压器-线路单元接线和变压器-线路单元接线

如图 6.12(d)所示,当只有一台发电机机、一台变压器、一条线路的发电厂或一台变压器、一条线路的变电站时,可采用此接线。这种接线最简单,设备最少,不需要高压配电装置。

3)扩大单元接线

如图 6.13 所示,为了减少变压器台数和高压侧断路器数目,并节约配电装置占地面积,在系统允许时将两台发电机与一台变压器相连接,组成扩大单元接线。图 6.13(a)所示为发电机-变压器扩大单元接线。图 6.13(b)为发电机-分裂绕组变压器扩大单元接线。扩大单元接线在中小型水电厂中得到广泛应用。

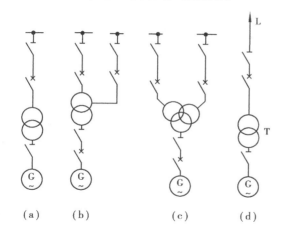

图 6.12　单元接线

（a）发电机-双绕组变压器单元接线

（b）发电机-自耦变压器单元接线

（c）发电机-三绕组变压器单元接线

（d）发电机-变压器-线路单元接线

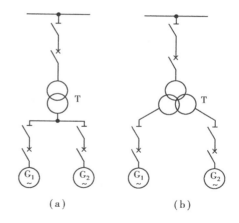

图 6.13　扩大单元接线

（a）发电机-变压器扩大单元接线

（b）发电机-分裂绕组变压器扩大单元接线

（2）桥形接线

当仅有两台变压器和两条线路时,采用桥形接线,如图 6.14 所示。桥形接线仅用三台断路器 QF_1、QF_2 和 QF_3,断路器数目最少。根据桥联断路器的位置,可分为内桥接线和外桥接线。

1)内桥接线

如图 6.14(a)所示,桥断路器 QF_3 接在变压器侧,断路器 QF_1、QF_2 接在引出线上。

主要运行特点是:

①正常运行时,桥联断路器处于闭合状态,线路投入和切除时操作方便,但如需要切除变

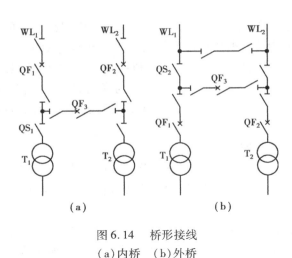

图6.14　桥形接线

（a）内桥　（b）外桥

压器 T_1 时，必须首先断开 QF_1 和 QF_3 以及变压器低压侧断路器，然后断开隔离开关 QS_1 后，再合上 QF_1、QF_3 恢复 L_1 线路的供电，因此变压器正常投切时，断路器的操作相对较复杂。

②当线路故障时，仅故障线路侧的断路器自动分闸，其余三条回路可继续工作。

③当变压器 T_1 故障时，QF_1 和 QF_3 自动分闸，未故障线路 L_1 供电受到停电影响。需将隔离开关 QS_1 断开，将故障断路器隔离后，再接通 QF_1 和 QF_3，方可恢复 L_1 线路的供电。

因此，内桥接线一般仅适用于线路较长、变压器不需要经常切换操作的情况。

2）外桥接线

如图 6.14（b）所示，桥联断路器接在线路侧，断路器 QF_1、QF_2 接在变压器回路之中。

主要运行特点：

①正常运行时，桥联断路器 QF_3 处于闭合状态，其运行特点与内桥接线相反。当切除变压器 T_1 时，只需断开断路器 QF_1。但是线路的投切操作较复杂，例如线路 L_1 需停电时，首先需断开断路器 QF_1、QF_3，拉开隔离开关 QS_2 后，再合上 QF_1、QF_3 才能恢复 L_1 的供电。

②当线路 L_1 故障时，断路器 QF_1、QF_2 自动分闸，变压器 T_1 运行受到影响，只有断开隔离开关 QS_2，再合上断路器 QF_1、QF_3 才能恢复变压器 T_1 的供电。

③变压器故障时，断路器 QF_1 和变压器低压侧断路器自动断开，切除故障变压器。

因此，外桥接线一般适用于线路较短、变压器需要经常切换操作的情况。当系统中有穿越功率通过发电厂或变电站高压配电装置时，或当双回线接入环形电网时，也可采用外桥接线，因为这时穿越功率仅通过一台桥断路器。此时如采用内桥接线，穿

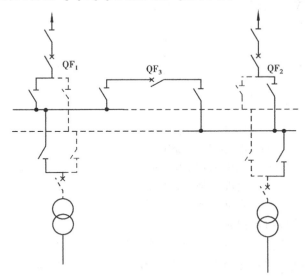

图6.15　桥形接线发展为双母线接线（内桥、外桥）

越功率须通过三台断路器，其中任一台断路器故障或检修时，将影响系统穿越功率的通过或迫使环形电网开环运行。采用桥式接线时，为了避免在检修桥断路器时使环网开环，可在桥断路器外侧加一跨条，如图 6.14（b）中虚线所示。

3）桥形接线的适用范围

桥形接线接线简单,使用断路器数少,占地面积少,建造费用低,并易于发展成为单母线分段和双母线接线,如图 6.15 所示。在发电厂和变电站建设初期,当负荷小,出线少时,可先采用桥形接线,预留位置;当负荷增大,出线数目增多时,再发展成为单母线分段或双母线接线。

桥形接线一般仅用于中、小容量发电厂和变电所的 35 ~ 220 kV 配电装置中。

(3)角形接线

如图 6.16 所示,当母线闭合成环形,并按回路数利用断路器分段,即构成角形接线。在角形接线中,断路器数等于回路数,且每条回路都与两台断路器相连,检修任一台断路器都不致中断供电,隔离开关作为隔离电器,只在设备检修之时起隔离电源的作用,不做操作电器,从而

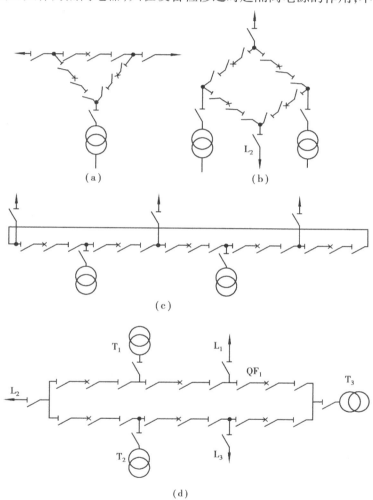

图 6.16　角形接线
(a)三角形接线　(b)四角形接线　(c)五角形接线　(d)六角形接线

具有较高的可靠性和灵活性。根据角的多少分为三角形接线[见图 6.16(a)]、四角形接线[见图 6.16(b)]、五角形接线[见图 6.16(c)]、六角形接线[见图 6.16(d)]。下面以四角形接线、六角形接线为例说明角形接线的特点。

1)四角形接线

在四角形接线中同名线路如图 6.16(b)所示,线路 L₁、L₂ 或电源 T₁、T₂ 布置在对角上,这样布置可避免当一台断路器检修时,而某一线路发生故障仍能有一条线路和一台变压器能继续工作,提高了供电的可靠性。

2)六角形接线

如图 6.16(d)所示为六角形接线。六角形接线和四角形接线具有相同的特点,由于断路器数增多,任一断路器检修,都将使多角形变为开环运行,此时,任一元件的切除均会导致供电紊乱。例如:当断路器 QF₁ 检修,六角形即为开环,这时 T₁ 切除,L₁ 便失去电源;L₂ 切除,则使 T₁、T₂ 解裂成两部分;L₃ 切除,T₃ 电源就不能送出去。

由以上分析可知,角形接线具有使用的断路器数目少,隔离开关不作操作电器,不易出现误操作。这种接线有较高的可靠性和灵活性,且运行操作方便,容易实现自动控制。但在检修断路器时,接线须开环运行,开环后,任一元件的切除均使供电紊乱。角数增多,开环后的缺点越发突出。所以角数一般不宜超过 6 角。角形接线进出线数比较固定且不便扩建,因此,这种接线多用于最终容量已确定的 110 kV 及以上的配电装置中。

6.2.3 说　明

最后,需要强调的是以上列举的仅仅是发电厂、变电站中常用的一些基本接线形式及其特点。但是,如果孤立地分析某一接线的特性一般是没有实际意义的。通用于任何工作条件的接线也是不存在的。在某一具体情况下表现为最为不利的特性,可能在另一具体情况下却是无关重要而被允许忽略。应辩证地根据时间、地点和条件的不同,分析电力网、电厂和用户的特点,具体问题具体分析。

6.3　典型主接线的举例分析

6.3.1　发电厂电气主接线举例

前面介绍的主接线基本形式,从原则上讲它们分别适用于各种发电厂和变电站。但是,由于发电厂的类型、容量、地理位置以及在电力系统中的地位、作用、馈线数目、输电距离的远近以及自动化程度等因素,对不同发电厂要求各不相同,所采用的主接线形式也就各异。下面仅对不同类型发电厂和变电站的主接线特点作一介绍。

(1)具有地方负荷的火力发电厂的电气主接线

火力发电厂的能源主要是以煤炭作为燃料,所生产的电能除直接供给地方负荷使用之外,其余的电能都将升高电压送往电力系统。目前我国的中型发电厂,一般指总容量在 200~1 000 MW,单机容量为 50~200 MW,煤炭主要来源于就近的一些地方煤矿。发电厂一般建设在中小城市附近或工业中心。电能大部分都用发电机电压直接送到地方用户,只将剩余的电能以升高电压送往电力系统。这类电厂最具代表性的接线形式为热电厂的电气主接线。热电厂与凝汽式发电厂的不同之处在于,它不仅生产电能还兼供热能,为工业和民用提供蒸汽和热水形成热力网,可提高发电厂的热效率。由于受供热距离的限制,一般热电厂的单机容量多为中小型机组。无论是凝汽式火电厂或热电厂,它们的电气主接线应包括发电机电压接线形式及1~2级升高电压级接线形式的完整接线,且与电力系统相连。

发电机电压侧的接线,根据发电机容量及出线多少,可采用单母线分段、双母线或双母线分段接线。为了限制短路电流,可在母线分段回路中或引出线上安装电抗器。升高电压侧,应根据情况具体分析,采用适当的接线。

如图6.17所示,为一热电厂的电气主接线。发电机电压采用双母线分段接线,主要供电给地区负荷。为了限制短路电流,在电缆馈线回路中,装有出线电抗器,用来限制在电抗器以外短路时的短路电流;在母线分段处装设有母线电抗器,主要用来限制发电厂内部的短路电流,正常工作时,10 kV母线各段之间,通过分段断路器相联系,分段断路器合上运行,分段上的负荷应分配均衡;各母线之间,通过母联断路器相互联系,以提高供电的可靠性和灵活性。在满足10 kV地区负荷供电的前提下,将发电机G_1、G_2剩余功率通过变压器T_1、T_2升高电压后,送往电网。

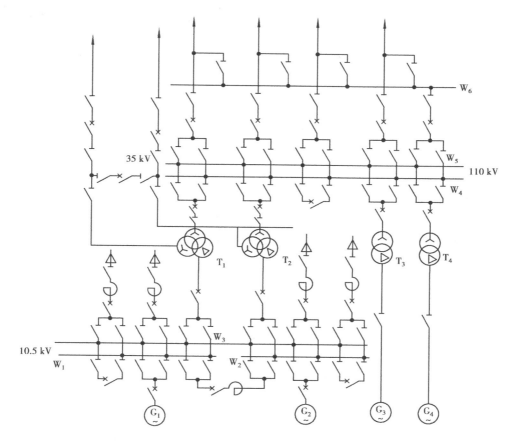

图6.17　热电厂主接线

升高电压有35 kV和110 kV两种电压等级。变压器T_1和T_2采用三绕组变压器,将10 kV母线上剩余电能按负荷分配送往两级电压系统。由于采用三绕组变压器,当任一侧故障或检修时,其余两级电压之间仍可维持联系,保证可靠供电。35 kV侧仅有两回出线,故采用内桥接线形式;110 kV电压等级由于较为重要,出线较多,采用双母线带旁路母线的接线,并设有专用旁路断路器,其旁路母线只与各出线相连,以便不停电检修断路器。而进线断路器一般故障率较低,未接入旁路。正常运行时,110 kV 接线大多采用双母线按固定连接方式并联运行。

(2)水电厂的电气主接线

由于一次能源不同,水电厂一般建在水能资源的附近,距负荷中心较远,发电机电压负荷很小,绝大多数电能都需要通过高压输电线送入电力系统。水电厂的装机台数和容量是根据水能利用条件一次确定的,一般不考虑发展和扩建。但可能根据负荷的增长及水工建设工期,常常分期施工。水电厂附近一般地形复杂,为了缩小占地面积,电气主接线应尽可能简单,使配电布置紧凑。水能发电机启动迅速,灵活方便。一般情况下,从启动到满负荷只需 4~5 min;事故情况下还可能不到 1 min。而火电厂则因机、炉特性限制,一般需要 6~8 h。因此水电厂常被用作系统事故备用和检修备用。对具有水库调节的水电厂,通常在洪水期承担系统基本负荷,枯水期多带尖峰负荷。很多水电厂还担负着系统的调频、调相任务。因此,水电厂的负荷曲线变化较大,机组开、停频繁,有时一昼夜内可能多次开、停机。因此,根据水电厂的生产过程和设备特点,其主接线应尽量避免采用具有烦琐倒闸操作的接线方式,要求容易实现自动化和远动化。

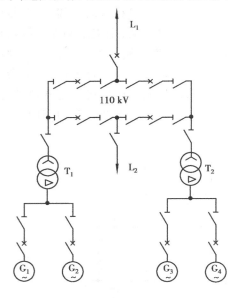

图 6.18　中等容量水电厂电气主接线

图 6.18 所示为中小型水电厂的电气主接线。由于没有地方负荷,因此采用了发电机-变压器扩大单元接线。水电厂扩建可能性较小,其 110 kV 高压侧采用四角形接线,隔离开关仅作检修时隔离电压之用,不作操作电器,易于实现自动化。

(3)大型火力发电厂的电气主接线

大型发电厂一般是指总容量在 1 000 MW 及以上,单机容量为 200 MW 及以上大型机组的发电厂。大型发电厂都建在动力资源丰富的地方,一般为坑口电厂。大型发电厂一般距负荷中心较远,全部电能用 110 kV 以上的高压或超高压线路输送至远方,故又称为区域性电厂。大型发电厂在系统中占有重要地位,担负着系统的基本负荷,其工作情况对系统影响较大,因此要求电气主接线要有较高的可靠性。

图 6.19 所示为一区域性 4×300 MW 大机组的凝汽式发电厂的电气主接线。发电厂与变压器采用容量配套的单元接线形式,发电机与变压器之间及厂用分支采用分相封闭母线,主回路及厂用分支回路均未装隔离开关和断路器。厂用高压变压器采用低压分裂绕组变压器。

升高电压有 220 kV 和 500 kV 两种电压级。500 kV 采用一台半断路器接线;220 kV 采用双母线带旁路母线的接线,并且变压器进线回路亦接入旁路母线。两种升高电压之间设有联络变压器 T_5。联络变压器 T_5 选用三绕组自耦变压器,其低压侧作为厂用备用电源和启动电源。

(4)大容量水电厂的电气主接线

大型水电厂建在水利资源丰富的江河或湖泊附近,如我国的长江、黄河等流域。电厂距负荷中心较远,全部电能将送入电网。图 6.20 所示为一大型水电厂主接线。G_5、G_6 以单元接线

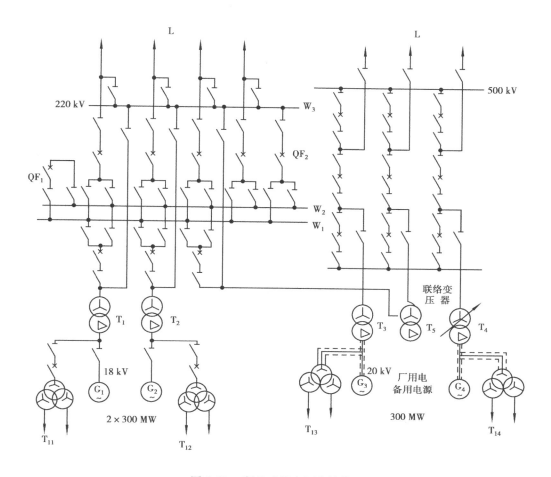

图 6.19　凝汽式发电厂主接线

形式直接把电能送往 220 kV 电力系统。G_1 ~ G_4 发电机采用低压分裂绕组变压器扩大单元接线。这样,不仅简化了接线,而且限制了发电机电压短路电流。升高电压 220 kV 侧采用带旁路的双母线接线。500 kV 侧一台半断路器接线,并以自耦变压器作为两级电压间的联络变压器,其低压绕组兼作厂用电的备用电源和启动电源。

6.3.2　变电站电气主接线举例

变电站电气主接线的选择,主要决定于变电站在电力系统中的地位、作用、负荷的性质、出线的数目、电网的结构等。变电站变压器的台数,一般宜装设两台,当一台变压器停止工作时,另一台变压器能保证变电站 70% 的最大负荷,以便保证一、二类负荷供电。当变电站只有一个电源时装设一台变压器。

变电所有三个电压等级时,一般采用三绕组变压器或自耦变压器。当中压侧在 110 kV 及以上时多采用自耦变压器,因为与三绕组变压器比较,自耦变压器有电能损耗小、投资少及便于运输等优点。下面介绍几种不同类型变电站的电气主接线。

(1)枢纽变电站的电气主接线

枢纽变电站在电力系统中占有重要地位,它往往是电力系统中几个大型发电厂的联络点。

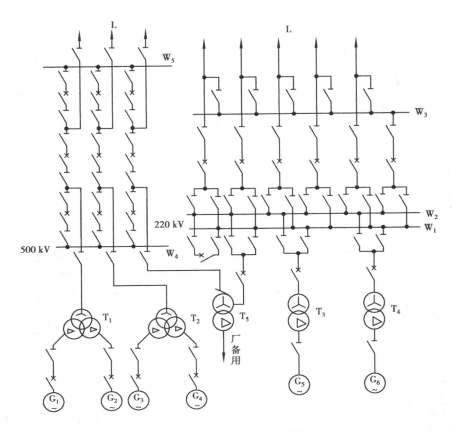

图 6.20　大容量水电厂主接线

其电压是电力网的最高电压等级,出线多为电网的主干线和给较大区域供电的线路。图 6.21
所示为大容量的枢纽变电站电气主接线,采用两台三绕组自耦变压器连接两种升高电压。220
kV 侧采用双母线带旁路接线形式,并设有专用旁路断路器。500 kV 侧为一台半断路器接线
且采用交叉接线形式。虽然在配电装置布置上比不交叉多用一个间隔,增加了占地面积,但供
电可靠性明显地得到提高。35 kV 低压侧用于连接静止补偿装置。

（2）地区变电站电气主接线

地区变电站是供电给所属地区或一中等城市的主要变电站,其电压等级为 220 kV 或 110
kV。如图 6.22 所示,该变电站有 110 kV 和 10 kV 两个电压等级,110 kV 和 10 kV 侧,均采用
单母线分段接线。为了限制短路电流,在变压器低压回路中加装分裂电抗器,在正常工作时各
母线分段断路器断开。运行中要求 10 kV 各段母线上的负荷分配要大致相等,否则分裂电抗
器中的电能损耗增大,且使各段母线电压不等。采用这种限制短路电流的措施后,如还不能将
短路电流限制到可以使用轻型断路器时,可在引出线上加装电抗器。一般在变电所中不采用
母线分段电抗器,因为它限制短路电流的作用较小。

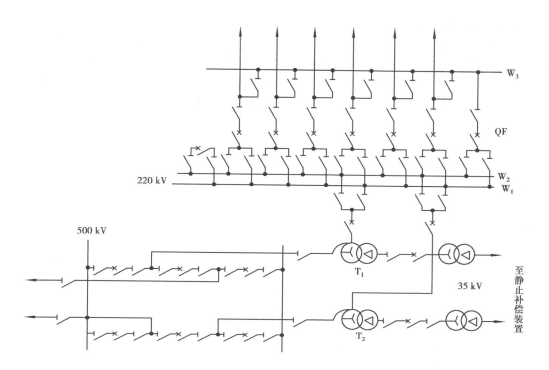

图 6.21　枢纽变电站电气主接线

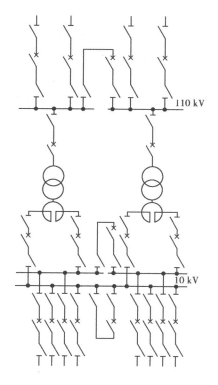

图 6.22　地区变电站电气主接线

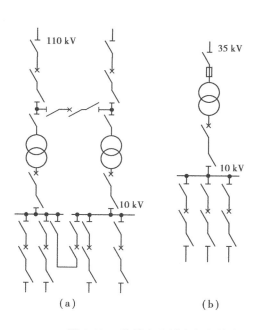

图 6.23　终端变电站电气主接线

(3)终端变电站的电气主接线

终端变电站的容量小,一般是供电给某负荷点。如图6.23(a)所示,当变电站供电给重要用户时,装设两台变压器,高压侧有两回电源进线,采用内桥接线。低压侧为单母线分段,重要用户的馈线分别布置在两个不同的分段上,以提高供电的可靠性。图6.23(b)所示为只有一台变压器的终端变电站接线,高压侧用高压熔断器保护,低压侧采用单母线。

思 考 题

1. 对电气主接线有哪些基本要求? 为什么说可靠性不是绝对的?

2. 有母线类接线和无母线类接线各包括哪些基本接线形式?

3. 主母线和旁路母线的作用是什么? 回路中断路器和隔离开关的作用是什么?

4. 给用户送电和停电时线路的操作步骤是什么? 为什么必须这样操作? 不这样操作会发生什么问题?

5. 在图6.4所示分段断路器兼作旁路断路器接线中,当需要检修出线断路器时如何操作?

6. 简述在图6.6所示双母线接线中,检修母线 W_1 的操作步骤?

7. 一个半断路器接线有什么优点?

8. 在图6.14所示桥形接线中,当变压器需停电检修时,内桥和外桥接线分别如何操作? 内桥和外桥接线的应用条件是什么?

9. 为什么发电机-双绕组变压器单元接线中,发电机与变压器之间可不装断路器,而发电机-三绕组变压器单元接线需要装断路器?

10. 热电厂和大型火电厂的电气接线各有什么特点?

11. 某110 kV系统的变电所装有两台20 MVA的主变压器,110 kV侧有穿越功率通过,变电所110 kV有两回线,低压为10 kV,出线为12回。变电所应采用何种主接线? 画出主电路图并加以说明。

第7章 自用电

发电厂和变电所的自用电,是指发电厂在生产电能过程中,为了保证主体设备(锅炉、汽轮机或水轮机、发电机等)和辅助设备的正常运行,发电厂或变电所自身所使用的电能,一般简称为自用电。本章是以火电厂为重点,讲述自用电负荷的分类、厂用电压确定、厂用电源的取得以及各种类型发电厂和变电所的厂用电接线特点。

7.1 自用电负荷的分类

7.1.1 发电厂的主要厂用机械

在发电厂中,为保证主体设备比如发电机、汽轮机或水轮机、锅炉等的正常运行,需要很多机械为其服务。这些机械称为自用机械或厂用机械。不同类型的发电厂有不同的自用机械。现分述如下:

(1)火电厂的主要自用机械

1)煤场和输煤系统的机械:抓斗起重机、破碎机、筛分机械、电磁分离器、计量机械、输煤皮带等。

2)制粉机械:给煤机、磨煤机、粗粉分离器、细粉分离器、引风机、螺旋输粉机等。

3)锅炉的附属机械:吸风机、送风机、引风机、一次风机、二次风机、三次风机等。

4)汽机的附属机械:顶轴油泵、除氧器中继泵、交流润滑油泵、汽机直流润滑油泵、射水泵、凝结水泵、凝结水升压泵、循环水泵、给水泵、盘车电动机等。

5)保证变压器冷却的机械:变压器冷却用风机、强迫油循环冷却油泵等。

6)其他厂用机械:通信设备用电和化学水处理车间的附属机械、热电厂热网的给水泵、热网凝结水泵、备用励磁机、疏水泵、化学净水处理设备、电气除尘设备等。

(2)水电厂的主要自用机械

1)水轮发电机组的附属机械:调速及润滑系统的油泵、发电机冷却系统及机组润滑系统的水泵、行车等。

2)保证变压器冷却的机械:变压器冷却用风机、强迫油循环冷却油泵等。

3)大坝及其船闸设备的附属机械:闸门启闭机、升船机、起重机等。

4)其他附属机械:供水泵、排水泵、修配厂设备等。

7.1.2 自用电负荷的分类

根据自用机械在生产过程中的作用及突然供电中断时,对人身、设备、生产的影响即它在电厂生产过程中的重要性可分为下列5类:

(1) Ⅰ类负荷

Ⅰ类负荷指短时停电,会影响人身安全,造成贵重设备损坏,使生产停顿或发电量大量下降等严重后果的自用负荷。例如火电厂中的给水泵、凝结水泵、循环水泵、送风机、吸风机、通风机、主变压器强油水冷电源、硅整流装置、给粉机等,水电厂中水轮发电机组的调速器、压油泵、润滑油泵、空气压缩机等。

Ⅰ类负荷的要求:应由两个独立电源供电,并保证当一个电源消失后,另一个电源要能立即自动投入继续供电。所以Ⅰ类负荷的电源要求配置备用电源自动投入装置。除此之外,还应保证Ⅰ类负荷的电动机能可靠自启动。对于特别重要的负荷例如原子能电站的主循环泵还应有第三电源。

(2) Ⅱ类负荷

Ⅱ类负荷指允许短时停电(几秒至几分钟),经人工操作恢复供电后,不会造成生产紊乱的自用负荷。例如火电厂的浮充电装置、输煤设备机械、工业水泵、疏水泵、灰浆泵、化学水处理设备等。水电厂中绝大多数厂用电动机都属于厂用Ⅱ类负荷。

Ⅱ类负荷的要求:应由两个独立电源供电,一般备用电源可以采用手动切换方式投入。

(3) Ⅲ类负荷

Ⅲ类负荷指较长时间(一般是几小时)停电不会直接影响发电厂生产的负荷。例如中央修配厂、修理间、试验室、油处理设备等。对于Ⅲ类负荷,一般由一个电源供电。如果经济许可,也可以采用两个电源供电。

(4) 不停电负荷("0Ⅰ"类负荷)

不停电负荷指机组启动、运行到停机全过程中以及停机后的一段时间内,需要进行连续供电的负荷。例如实时控制用计算机、调度通信和远动通信设备等负荷。

对于不停电负荷供电的备用电源而言,首先要求它具备快速切换特性,其次要求正常运行时不停电电源与电网隔离,并且有恒频恒压特性。一般采用由蓄电池组经逆变装置供电。

(5) 事故保安负荷

事故保安负荷是指发生全厂停电时,需要继续供电的负荷。这些负荷一般是为了保证机炉的安全停运、事故过后能很快地重新启动,或者是为了防止危及人身安全等原因而设置的。按事故保安负荷对供电电源的不同要求,可分为以下2类:

1)直流保安负荷("0Ⅱ"类负荷)。直流保安负荷主要有发电机氢密封直流油泵、汽轮机直流润滑油泵、事故照明等。直流保安负荷一般由蓄电池组供电。

2)交流保安负荷("0Ⅲ"类负荷)。交流保安负荷主要有各种辅机的润滑油泵、交流润滑油泵、顶轴油泵、功率为200 MW及以上机组的汽机盘车电动机、回转式空气预热器的电动盘车装置等。交流保安负荷平时由交流厂用电供电,一旦失去交流厂用电时,要求由交流保安电源供电。为保证它的供电可靠性,交流保安电源一般从系统中专门引接一条专线即外部独立电源来供电。现在也还有采用快速启动的柴油发电机组供电方式。

7.1.3　厂用电率

发电厂在一定时间(一个月或者一年)内,厂用电所消耗的电能占同一时期内发电厂总发电量的百分数,称为发电厂的厂用电率(K_{cy}),其计算公式如下:

$$K_{cy} = \frac{A_{cy}}{A_G} \times 100\%$$

式中　A_{cy}——发电厂的厂用电量,kW·h;

　　　A_G——发电厂的总发电量,kW·h。

厂用电率是衡量发电厂经济效益的主要指标之一。原则上要求尽量降低厂用电量,增加对系统的供电量,以提高发电厂的经济效益。发电厂类型的不同,自用负荷的大小也不一样,一般热电厂比水电厂大得多,水电厂的厂用电率为0.5%~2.0%,热电厂的厂用电率为8%~10%,凝汽式火电厂的厂用电率为5%~8%。

7.2　发电厂的厂用电接线

7.2.1　厂用电供电电压的确定

发电厂的厂用负荷主要有电动机和照明两大类。厂用负荷的供电电压,主要取决于发电机的额定容量、额定电压、机炉附属设备所使用电动机的容量和数量等诸多因素。由于各种厂用负荷的容量相差极大(例如大功率电动机可达1 000 kW以上,而小功率电动机不足1 kW),因此厂用电一般采用高压和低压两种电压供电。

一般对于相同额定功率的电动机,额定电压高时,它自身的尺寸大、重量重、功率因数低、价格贵。从供电方面考虑,电动机的额定电压高时,因工作电流小,可减小供电电缆截面,节约有色金属,减少电能损耗,降低运行费用。因此发电厂的厂用电动机一般是根据其功率大小和供电电压两个因素来确定其额定电压。厂用电动机的额定电压通常按以下原则选用:当厂用电电压为3 kV时,电动机额定功率为100 kW以上选用3 kV,电动机额定功率为100 kW以下选用380 V;在厂用电电压为6 kV时,电动机额定功率为200 kW以上宜选用6 kV,电动机额定功率为200 kW以下宜选用380 V;在厂用电电压为3 kV和10 kV并存时,电动机额定功率为1 800 kW以上选用10 kV,电动机额定功率为200~1 800 kW选用3 kV,电动机额定功率小于200 kW选用380 V。

经技术经济比较,我国有关设计技术规定中指出厂用电压的确定原则如下:

发电厂可采用3 kV、6 kV、10 kV作为高压厂用电电压。发电机容量为60 MW及以下的机组,发电机电压为10.5 kV时,高压厂用电压可采用3 kV;发电机容量为100~300 MW的机组宜采用6 kV;发电机容量为600 MW的机组,可根据工程具体条件采用6 kV一种或3 kV、10 kV两种高压厂用电电压。

低压厂用动力系统电压采用380 V为宜。发电机容量为60 MW及以上的机组,主厂房内的低压厂用电系统采用动力与照明分开的方式供电。动力系统的电压宜采用380 V电压。现在随着 660 V 电气产品的扩大生产和价格的降低,采用 660 V 电压供电,在技术经济上具有很大优势,如果合适,也可采用 660 V。

7.2.2　厂用供电电源及其引接方式

在发电厂中,为了保证厂用电供电的可靠性,一般除了需要设置工作电源外,同时还要设置备用电源、起动电源和事故保安电源。下面分别介绍各种电源及其取得方式。

(1)厂用电工作电源及其引接方式

1)设有发电机电压母线的引接:高压工作电源由对应的发电机所接发电机电压母线段上引接,供给接在本段母线上的机组厂用负荷,接线如图 7.1(a)所示。若发电机电压与高压厂用母线电压为同一电压等级时,应由发电机电压母线经电抗器引接到高压厂用母线,见图中虚线所示。

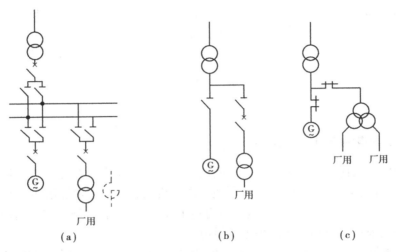

(a)　　　　　　　　　(b)　　　　　　　　　(c)

图 7.1　厂用电源引接方式

这种方式适用于中、小容量的发电厂。

2)发电机额定功率为 125 MW 及以下时,一般采用单元接线,高压工作电源一般由主变压器低压侧引接,供给本机组作为自用负荷,如图 7.1(b)所示。一般在厂用分支母线上装设断路器,也可采用满足动稳定要求的隔离开关或连接片的接线方式。

3)发电机额定功率为 200 MW 及以上时,一般采用扩大单元接线,这时厂用电源一般从发电机出口或主变压器低压侧引接,如图 7.1(c)所示。由于发电机容量为 200 MW 及以上的发电机组引出线及厂用分支采用封闭母线,封闭母线发生相间短路故障的机会很少,因此厂用分支可不装设断路器,但应有可拆连接点以便满足检修调试要求。

低压自用工作电源采用 380/220 V 电压等级,一般由高压自用母线上通过低压自用变压器取得。为了限制 380/220 V 网络中的短路电流,低压自用变压器单台容量限制在 2 000 kVA 范围内。

(2)启动/备用电源的取得

当工作电源故障时,应由备用电源继续向厂用电负荷供电。启动电源是厂用工作电源完全消失时,保证机组重新启动的厂用电源。一般容量在 200 MW 及以上机组需设置启动电源。

为充分利用启动电源,通常启动电源也兼作备用电源,故称其为启动/备用电源。容量为125 MW及以下机组的厂用备用变压器主要作为事故备用电源,并兼作机炉检修、启动或停用时的电源。高压厂用备用变压器或启动/备用电源的引接应遵照以下原则:

1)当设有发电机电压母线时,可由与工作电源不同的分段上引出。

2)当无发电机电压母线时,由与电力系统连接可靠的最低一级电压母线上引出,或由联络变压器的第三(低压)绕组引出,并应保证在发电厂全停的情况下,能从外部电力系统取得足够的电源。

3)有两个及以上备用电源时,应分别由两个相对独立的电源引出。

4)在技术经济条件许可下,可由外部电网接一条专用线路供电。

(3)交流保安电源与交流不停电电源

1)交流保安电源。为保证事故情况下保安负荷的安全供电,对200 MW及以上的发电机组应设置交流保安电源。交流保安电源宜采用快速启动的柴油发电机组。交流保安电源可不再设置备用电源。

2)不停电电源。为保证不停电负荷的安全供电,对200 MW及以上的发电机组应设置交流不停电电源。交流不停电电源宜采用蓄电池供电的电动发电机组或静态逆变装置。

7.2.3　厂用母线的接线方式

厂用电一般采用可靠性高的成套配电装置,这种成套配电装置发生故障的可能性很小。因此,厂用母线的接线方式大都采用单母线不分段或者单母线分段形式接线。这样既可满足供电的要求,同时接线简单、清晰、设备少、运行操作方便。

(1)火电厂的厂用母线

在火电厂中因锅炉辅机多,用电量大,为提高自用电系统的供电可靠性及厂用电的单元性,按机、炉对应原则设置母线。通常每台炉设置1~2段高压母线段。这样可以使得当一处发生故障时只影响一机一炉,不会造成多台机组停电。当锅炉容量为220 t/h级时,每台锅炉可由一段母线供电;当锅炉容量为400~1 000 t/h级时,每台锅炉应由两段母线供电,并将双套附属机械的电动机分别接在两段母线上,两段母线可由一台变压器供电;当每台炉容量为1 000 t/h级以上时,每一种高压厂用电压的母线应设2段。

厂用负荷的分配原则如下:

1)同一锅炉和汽轮发电机组所使用的电动机,应分别连接到与其相对应母线段上。对于额定功率为60 MW及以下的机组中互为备用的重要附属设备(如凝结水泵等),也可采用交叉方式供电,以提高供电可靠性。

2)每台炉设有两段厂用母线时,应将双套附属设备的电动机分别接在两段母线上。对于在生产上、工艺上有连锁要求的Ⅰ类负荷电动机,应该接在同一电源通道上,以保证供电的同时性,提高机组整体的供电可靠性。

3)当无公用母线段时,全厂公用负荷应根据负荷容量和对可靠性的要求,分别接在各段厂用母线上,但要适当集中。当设有公用母线段时,考虑到公用母线发生故障后,为避免影响几台机组或者造成全厂停电,应将相同的Ⅰ类公用负荷电动机分别接在不同的母线段上。

4)从生产过程中看,大容量机组的给水泵是固定为某一单元服务的。因此,无汽动给水泵的200 MW机组,各电动给水泵应接自本机组的厂用工作母线段。公用给水泵可跨接于本机组的第 2 段母线上;有汽动给水泵的 300 MW 及以上的机组,其备用的电动给水泵也应该由本机组的厂用工作母线段供电。

火电厂按机、炉分段有以下优点:

1)一段母线如发生故障,仅影响一台锅炉的运行。

2)利用锅炉大修或小修机会,可以同时对该段母线进行停电检修。

3)便于设备的管理和停送电操作。

对于不能按炉分段的公用负荷,可以设立公用负荷段。

(2)水电厂的厂用电接线

对中小型水电厂,由于厂用容量不大,一般都采用单母线。而对于大型水电厂,则按机组台数或厂用变压器台数进行分段。中小型的水电厂一般只分 2 段。

7.2.4 自用电动机及其自启动电压的校验

当自用母线近区故障时,自用母线上的电压降低或消失。持续时间的长短,取决于继电保护装置和备用电源自动投入装置的动作时间。自用电动机在此时间内,其转速下降甚至停转,这一转速下降的过程称为惰行。当自用母线电压恢复后,电动机重新升速,这一过程称为电动机的自启动。同一段母线上的多台电动机如果同时启动,总的启动电流很大,它在自用变压器或电抗器上产生压降,使自用电母线上的电压降低。过大的电压下降将使电动机启动时间延长,从而使绕组发热,甚至不能完成启动进入正常转速。

因此,应限制自启动过程中的最低电压,一般要求自用电的每段母线上所连接最大容量的电动机正常启动时,自用母线电压不低于额定电压的 80%;对容易启动的电动机启动时,自用母线电压不低于额定电压的 70%;对启动特别困难的电动机启动,如果制造厂规定有明确合理的启动电压时,应满足制造厂的要求。

自启动电压的校验如下:

(1)电动机正常启动

电动机正常启动时,自用母线电压标幺值按下列公式计算:

$$U_{*B} = \frac{U_{*O}}{1 + S_* X_{*T}} \tag{7.1}$$

式中 U_{*B}——电动机正常启动时母线电压标幺值;

U_{*O}——自用母线的空载电压标幺值,对无激励电压调压变压器取 1.05,对有载调压变压器取 1.1;

X_{*T}——自用变压器电抗标幺值,一般按其额定值的 1.1 倍计算;

S_*——自用母线的合成负荷标幺值。

自用母线的合成负荷 S_* 包括电动机启动前自用母线上的负荷与启动电动机的启动容量两部分。合成负荷应按下列公式计算:

$$S_* = S_{*1} + S_{*M} \tag{7.2}$$

式中 S_*——合成负荷标幺值;

S_{*1}——电动机启动前,自用母线上已有负荷的标幺值;

S_{*M}——启动电动机的启动容量标幺值。

启动电动机的启动容量标幺值 S_{*M} 按下列公式计算:

$$S_{*M} = K_Y \times \frac{P_{NM}}{\eta_N \cos\varphi_N S_{NT}} \tag{7.3}$$

式中　K_Y——电动机的启动电流倍数；

　　　P_{NM}——电动机的额定功率，kW；

　　　η_N——电动机的额定效率；

　　　$\cos\varphi_N$——电动机的额定功率因数；

　　　S_{NT}——自用变压器的额定容量，kVA。

（2）成组电动机自启动电压校验

对于 I 类负荷的电动机一般要求能可靠自启动。当自用母线突然失去电压后，电动机一般仍处于惰性状态，而经过较短的时间间隔即可恢复供电。这时，电动机具有较高的转速，比较容易自启动，故对自用母线电压的最低允许值要求较单个电动机正常启动时的电压值低。要求高压自用母线电压不低于额定电压的 65% ~ 70%。

成组电动机自启动时，自用母线电压标幺值计算公式如下：

$$U_{*B} = \frac{U_{*O}}{1 + S'_* X_{*T}} \tag{7.4}$$

式中　S'_*——成组电动机自启动时的合成负荷标幺值。

其余符号意义与式（7.1）相同。

成组电动机自启动时的合成负荷标幺值 S'_* 按下列公式计算：

$$S'_* = S_{*1} + S_{*\Sigma M} \tag{7.5}$$

式中　S_{*1}——电动机自启动前厂用母线已带负荷的标幺值；

　　　$S_{*\Sigma M}$——自启动总容量的标幺值。

（3）低压电动机自启动电压校验

1）低压电动机单独自启动

低压电动机单独自启动是指高压自用母线无电动机启动，只有低压自用母线上的电动机启动情况。低压单个或成组电动机启动时，为保证电动机可靠启动，要求母线电压不低于额定电压的 60%。

2）低压母线与高压母线串接启动

低压自用变压器串接在高压自用变压器下，如果高、低压电动机同时自启动，高压母线电压降低较多，使低压自用电动机的自启动情况变得更严重。但在这种自启动过程中，高压自用母线的电压会逐渐升高。因此，要求低压母线与高压母线串接自启动时，低压母线可以低一些，但不能低于额定电压的 55%。

低压自用母线电压计算公式如下：

$$U_{*BL} = \frac{U_{*BH}}{1 + S_{*L} X_{*TL}} \tag{7.6}$$

式中　U_{*BL}——低压自用母线电压标幺值；

　　　U_{*BH}——自启动时，高压自用母线电压标幺值；

　　　S_{*L}——低压自用母线上的合成负荷标幺值；

　　　X_{*TL}——低压自用变压器电抗器标幺值。

例 7.1　某发电厂高压厂用母线额定电压为 6 kV，高压厂用变压器参数如下：额定容量

$S_{NTH} = 20$ MVA, 短路电压 $U_{KH}\% = 10.5$, 为双绕组无励磁变压器。吸风机参数如下: 额定电压 6 kV, 额定功率 $P_N = 2\,240$ kW, 额定功率因数 $\cos\varphi_N = 0.8$, 额定效率 $\eta_N = 0.94$, 启动电流倍数 $K_Y = 6.5$。已知厂用高压母线实际电压为 6.15 kV, 已带负荷 $S_1 = 9\,000$ kVA。试求吸风机正常启动时, 高压厂用母线的电压标幺值为多少?

解　取基值容量 $S_j = S_{NTH} = 20$ MVA, 基值电压 $U_j = 6$ kV。

启动前, 高压厂用母线负荷标幺值:

$$S_{*1} = \frac{S_1}{S_j} = \frac{9\,000}{20 \times 10^3} = 0.45$$

吸风机的启动容量标幺值:

$$S_{*M} = K_y \times \frac{P_N}{\eta_N \cos\varphi_N S_{NT}} = 6.5 \times \frac{2\,240}{0.94 \times 0.8 \times 20 \times 10^3} = 0.968$$

合成负荷标幺值:

$$S_* = S_{*1} + S_{*M} = 0.45 + 0.968 = 1.418$$

所以吸风机正常启动时, 高压厂用母线的电压标幺值为

$$U_{*B} = \frac{U_{*O}}{1 + S_* X_{*T}} = \frac{1.05}{1 + 1.418 \times 1.1 \times 0.105} = 0.902$$

吸风机启动时, 由于厂用高压母线电压标幺值为 0.902, 满足吸风机启动时厂用高压母线电压不低于额定电压 80% 的要求, 所以给水泵可以正常启动。

7.3　变电所的所用电

变电所的所用电主要特点是负荷小, 在中小型变电所中, 其负荷主要有主变压器的冷却设备、硅整流电源、蓄电池充电设备、采暖、通风及照明等。可靠性要求比电厂低。所以一般只需 380/220 V 电压供电, 实行动力、照明混合共用一个电源。变电所的所用电母线一般采用单母线接线方式。如果有两台所用变压器, 则采用单母分段接线。对于容量不大的变电所, 有时为了节省投资, 高压侧常采用高压熔断器代替高压断路器。

中小型变电所所用电接线一般采用两台工作变压器, 不设备用变压器, 实行暗备用运行方式。为了提高所用电的可靠性, 一般要求装设有备用电源自动投入装置。如图 7.2(a) 所示。

对于枢纽变电所以及容量较大的变电所, 一般装有水冷却或强迫油循环冷却的主变压器和调相机。应装设两台工作变压器和一台备用变压器来保证其供电可靠性。为了提高供电可靠性, 备用变压器一般从变电所外部电源引接。如图 7.2(b) 所示。

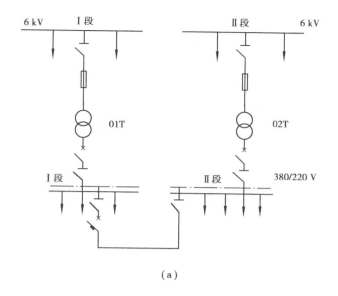

（a）

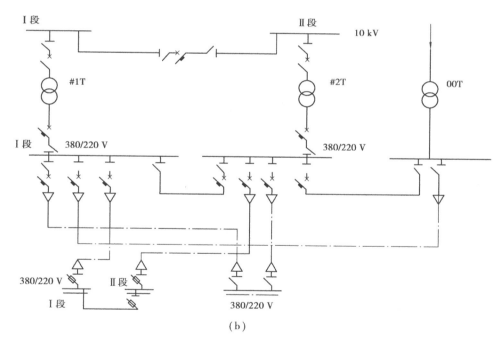

（b）

图 7.2 变电所所用电接线

7.4 自用电接线举例

7.4.1 热电厂的自用电接线

图 7.3 为某中型热电厂的自用电接线。该电厂使用 2 台发电机组和 3 台锅炉。发电机出口母线采用双母线经电抗器分段接线。用 2 台主变压器与系统电源相联系。自用电采用 3 kV 和 380/220 V 两级电压供电。每台锅炉设置一段高压母线。每段高压自用电由 1 台高压自用变压器单独供电。高压自用变压器采用明备用方式,即用#00T 作为高压备用自用变压器。一般单台机组容量小于 100 MW,高压自用变压器的数量在 6 台及以上时,增设第二台变压器。该厂的发电机容量为 50 MW,故不设置第二台备用变压器。

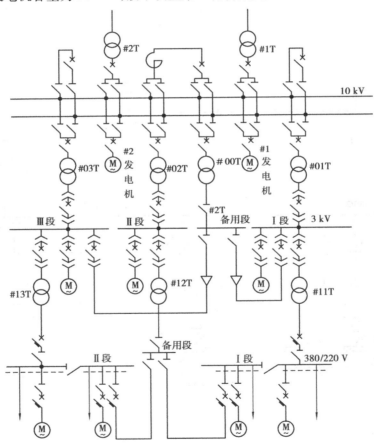

图 7.3 中型热电厂厂用电接线图

为提高厂用电源的可靠性,平时发电机电压母线采用双母线同时运行方式运行,高压备用变压器#00T 和主变压器#1T 都接于备用主母线上。母联断路器合上,将两台发电机和三台高压工作自用变压器分别接在工作母线的两段上。这样的运行方式使高压自用备用变压器与系统联系更紧密,而且能减少主母线故障的影响。当发电机电压母线故障时仍可保证高压备用厂用变压器有电,即提高了它的供电可靠性。正常运行时,#01T、#02T、#03T 分别向 3 kV 厂用电的Ⅰ、Ⅱ、Ⅲ段母线供电。一旦某台高压工作变压器发生故障退出运行,则备用电源自动投入装置会立即投入备用变压器。恢复该段母线供电。

由于高压厂用电采用成套配电装置,其供电可靠性较高,因此高压厂用母线为单母线接线。高压厂用电动机由高压断路器控制。

低压设有两段母线,每一段用隔离开关分为两个半段,电压采用 380/220 V。实行动力照明混合供电方式。和高压段一样也采用明备用方式,设有备用段及备用电源自动投入装置。设置中央屏和车间配电盘,采用分级供电方式供电。

7.4.2　火电厂的自用电接线

图 7.4 是一中型火电厂的自用电接线。厂内装有两机两炉。发电机出口电压为15.75 kV。发电机和主变压器采用单元接线,它们之间用分相封闭母线连接。用两台升压主变压器 1T、2T 接到 220 kV 双母线与系统联系。#1T、#2T 为高压厂用变压器。备用电源采用明备用方式。00T 为启动/备用变压器,电源由 220 kV 系统提供。每台机组都设有 A、B 两段6 kV 母线,各段均设有备用电源自动投入装置。

高压厂用母线(6 kV 母线)带的负荷主要有排粉机、磨煤机、送风机、引风机、给水泵、凝结水泵等。这些都是厂用Ⅰ类负荷,均采用双电源供电。并设有备用电源自动投入装置。每一个Ⅰ类负荷均设有同名机械 2 台,且互为备用。为了提高供电可靠性,同时又节省费用和操作方便,一般可以由中央配电屏不同母线上的供电车间配电盘供电。

每台机组均设有 380 V 六段厂用母线,这些厂用母线主要供给低压厂用负荷以及电气除尘用电。低压公用母线段主要带全厂公用系统负荷。例如输煤、燃油、中继泵、化学水处理、消防泵和厂区照明等等。每台机组单独设置事故保安负荷段,采用单母线接线方式,事故负荷集中供电的供电方式。正常运行时,保安母线的经常负荷由本机组厂用工作电源供电,失去厂用电时,由系统的 6 kV 电源专门引接一条备用线供电。

从上可见,火电厂自用电的接线特点是:厂用机械多,接线复杂;自用电电压有高、低压之分,一般高压用 6 kV 或 10 kV,低压用 380/220 V;自用变压器较多,一般采用明备用方式;自用机械可以是单独供电,也可以是成组供电;自用电接线实行按机炉分段。

7.4.3　水电厂的自用电接线

图 7.5 是某大型水电厂自用电接线。厂内装有 4 台大容量机组,发电机与主变压器采用单元接线。它的厂用机械数量和容量比起同容量的火电厂少得多。故厂用系统比火电厂简单。由于该电厂在系统中占有相当重要的地位,要求自用电具有很高的供电可靠性;同时该电厂的水利枢纽兼有防洪、航运等任务,有大容量的电动机,距主厂房有一定的距离,所以坝区采用 6 kV 单独供电(也有些坝区采用 10 kV 供电)。采用机组自用电与全厂公用自用电分开的供电方式。备用变压器采用暗备用方式运行。

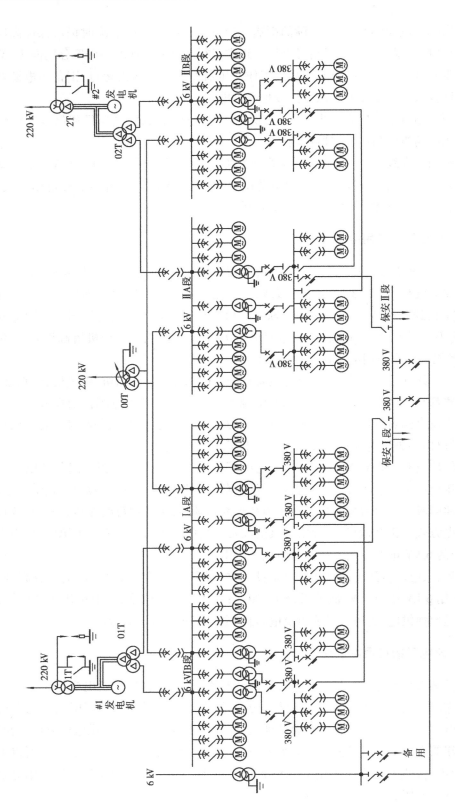

图 7.4　某中型火电厂自用电接线

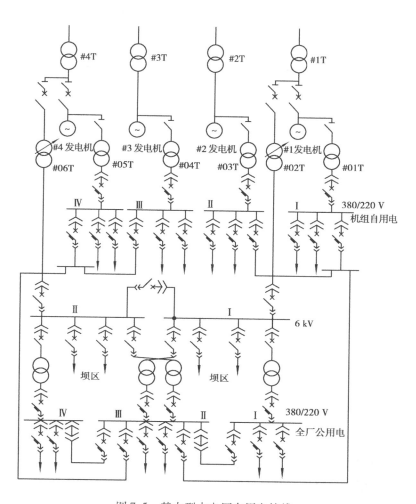

图 7.5　某大型水电厂自用电接线

图 7.6 是某中型水电厂自用电接线。该电厂有 4 台发电机组。由于厂用负荷较小,一般中小型水电厂采用单母分为两段运行。因此该电厂的自用电采用单母分为两段,电压采用 380/220 V。自用变压器采用暗备用方式,正常运行时两段均投入运行。当一个电源故障时,则分段断路器在备用电源自动投入装置的作用下合闸,由另一自用变压器供给全厂的自用电负荷。

从以上可见水电厂自用电接线的特点为:自用机械比火电厂少,接线比火电厂简单;采用 380/220 V 电压已足够;对于大型电厂实行按机分段,中小型电厂一般只分为两段。

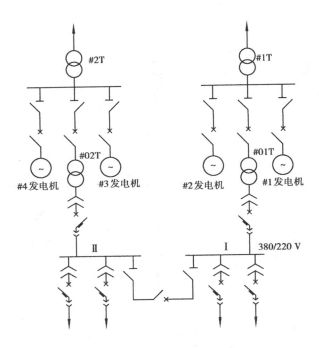

图 7.6　某中型水电厂自用电接线

思 考 题

1. 什么叫厂用电率？自用机械是如何分类的？

2. 火电厂自用工作电源和备用电源是怎么引接的？

3. 火电厂的自用电接线原则是什么？采用此接线原则有什么好处？

4. 什么叫电动机的自启动？为什么要进行启动电压的校验？

5. 大中型水电厂在自用接线方面有什么特点？

6. 变电所的所用电有什么特点？

7. 某发电厂高压厂用母线电压为 6 kV。高压厂用变压器为无激励电压调压变压器，其参数如下：额定容量 $S_{NT} = 1\ 600$ kVA，短路电压 $U_K\% = 7.54$。给水泵参数如下：额定功率 $P_N = 5\ 500$ kW，启动电流倍数 $K_Y = 6$，额定效率 $\eta_N = 0.963$，额定功率因数 $\cos\varphi_N = 0.9$，额定电压 $U_N = 6$ kV。给水泵启动前，高压厂用母线上的负荷为 $S_1 = 8\ 500$ kVA。试问给水泵能否正常启动？

第 **8** 章
电气设备的发热和电动力计算

8.1 电气设备的允许温度

电气设备在运行中,电流通过导体时产生电能损耗,铁磁物质在交变磁场中产生涡流和磁滞损耗,绝缘材料在强电场作用下产生介质损耗。这三种损耗几乎全部转变为热能,一部分散失到周围介质中,一部分加热导体和电器使其温度升高。电气设备运行实践证明,当导体和电器的温度超过一定范围以后,将会加速绝缘材料的老化,降低绝缘强度,缩短使用寿命,显著地降低金属导体机械强度(见图8.1),恶化导电接触部分的连接状态,破坏电器的正常工作。因此,电气设备的发热是影响其正常寿命和工作状态的主要因素。

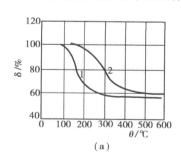 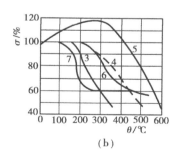

图 8.1 金属材料机械强度与温度的状态

(a)铜 (b)不同的金属导体

1—连续发热;2—短时发热;3—硬粒铝;4—青铜;5—钢;6—电解铜;7—铜

由正常工作电流引起的发热,称为长期发热。导体通过的电流较小,时间长,产生的热量有充分时间散失到周围介质中,热量是平衡的。达到稳定温度之后,导体的温度保持不变。

由短路电流引起的发热,称为短路时发热。由于导体通过的短路电流大,产生的热量很多而时间又短,因此产生的热量向周围介质散发的很少,几乎都用于导体温度升高,热量是不平衡的。

表8.1 导体长期工作发热和短路时发热的允许温度

导体种类和材料	长期工作发热		短路时发热	
	允许温度/℃	允许温升/℃①	允许温度/℃	允许温升/℃②
1. 裸母线				
铜	70③		300	230
铝	70③		200	130
钢(不和电器直接连接时)	70		400	330
钢(和电器直接连接时)	70		300	230
2. 油浸纸绝缘电缆				
铜芯 10 kV 及以下	60~80	45	250	190~170
铝芯 10 kV 及以下	60~80	45	200	140~120
铜芯 20~35 kV	50	45	175	125
3. 充油纸绝缘电缆 60~330 kV	70~75	45	160	90~85
4. 橡皮绝缘电缆	50		150	100
5. 聚氯乙烯绝缘电缆	60		130	70
6. 交联聚乙烯绝缘电缆				
铜芯	80		230	150
铝芯	80		200	120
7. 中间接头的电缆				
锡焊接头			120	
压接接头			150	

注:①指导体温度对周围环境温度的升高。我国所采用的计算环境温度为:电力变压器和电器(周围环境温度)40 ℃;
发电机(利用空气冷却时进入的空气温度)35~40 ℃;装在空气中的导线、母线和电力电缆25 ℃;埋入地下的电
力电缆15 ℃。
②指导体温度较短路前的升高值,通常取导体短路前的温度等于它长期工作时的最高允许温度。
③裸导体的长期允许工作温度一般不超过70 ℃,当其接触面处具有锡的可靠覆盖层时,允许提高到85 ℃,当有镀
银的覆盖层时,允许提高到95 ℃。

表8.2 交流高压电器在长期工作时的发热允许温度(GB 763—74)

电器各部分的名称及材料	最大允许发热温度/℃		环境温度40 ℃时允许温升/℃	
	空气中	在油中	空气中	在油中
1. 不与绝缘材料接触的金属部分				
(1)需要考虑发热对机械强度的影响				
铜	110	90	70	50
铜镀银	120	90	80	50
铝	100①	90	60	50
钢、铸铁及其他	110	90	70	50
(2)不需要考虑发热对机械强度的影响				
铜或铜镀银	145	90	105	50
铝	135	90	95	50

电器各部分的名称及材料	最大允许发热温度/℃		环境温度40℃时允许温升/℃	
	空气中	在油中	空气中	在油中
2. 与绝缘材料接触的金属部分以及由绝缘材料制成的零件,当绝缘材料等级为				
Y	85	—	45	
A	100	90	60	50
E、B、F、H 和 C	110	90	70	50

为了限制发热的有害影响,保证导体和电器工作的可靠性和正常的使用寿命,对上述两种发热的允许温度和允许温升做了明确的规定,见表 8.1 和表 8.2。如果长期正常工作电流或短路电流通过导体、电器时,实际发热温度不超过它们各自的发热允许温度。即有足够的热稳定性。

8.2 导体的长期发热计算

导体的长期发热计算是根据导体长期发热允许温度 θ_y 来确定其允许电流 I_y,使导体的允许电流不小于通过导体的最大长期工作电流;或者根据通过导体的最大长期工作电流 I_{max} 来计算导体长期发热温度 θ_c,使导体的长期发热允许温度 θ_y 不得小于导体长期发热温度 θ_c。

(1) 允许电流 I_y 的确定

对于母线、电缆等均匀导体的允许电流 I_y,在实际电气设计中,通常采用查表法来确定。国产的各种母线和电缆截面已标准化,根据标准截面和导体计算环境温度为 25 ℃ 及最高发热允许温度 θ_y 为 70 ℃,编制了标准截面允许电流表,设计时可从中查取。

如果导体的实际环境温度 θ 与计算环境温度 θ_0 不同时或敷设条件不同时,允许电流应进行校正。例如,环境温度为 θ 时允许电流为:

$$I_{y\theta} = I_y \sqrt{\frac{\theta_y - \theta}{\theta_y - \theta_0}} \text{ (A)} \tag{8.1}$$

式中 $I_{y\theta}$——实际环境温度为 θ 时的导体允许电流,A;

I_y——计算环境温度为 θ_0 时的导体允许电流,A;

θ_y——导体长期发热允许温度,℃,

θ——实际环境温度,℃(见表 8.3);

θ_0——计算环境温度,℃(见表 8.4)。

例 8.1 某发电厂主母线的截面为 50 mm × 5 mm,材料为铝。θ_0 为 25 ℃,θ 为 30 ℃。试求该母线竖放时长期工作允许电流。

解 从母线载流量表中查出截面为 50 mm × 50 mm,$\theta_0 = 25$ ℃,铝母线竖放时的长期允许电流 $I_y = 665$ A。将其代入式(5.1)中,得到 $\theta = 30$ ℃ 时的母线长期允许电流,即:

$$I_{y\theta} = I_y \sqrt{\frac{\theta_y - \theta}{\theta_y - \theta_0}} = 665 \times \sqrt{\frac{70 - 30}{70 - 25}} = 627 \text{（A）}$$

（2）导体长期发热 θ_c 的计算

表8.3　选择电气设备时的实际环境温度 θ

类　别	安装场所	实　际　环　境　温　度	
		最　高　温　度	最低温度
电　器	屋　外	年最高温度	年最低温度
	屋　内	该处通风设计温度。当无资料时,可取最热月平均最高温度加5 ℃	
裸导体	屋　外	最热月平均最高温度	年最低温度
	屋　内	屋内通风设计温度。当无资料时,可取最热月平均最高温度加5 ℃	
电　缆	屋外电缆沟	最热月平均最高温度	
	屋内电缆沟	屋内通风设计温度。当无资料时,可取最热月平均最高温度加5 ℃	
	电缆隧道	该处通风设计温度。当无资料时,可取最热月平均最高温度加5 ℃	
	土中直埋	最热月的平均地温	

表8.4　电气设备的计算环境温度 θ/℃

设备	绝缘子		隔离开关	电流互感器	电压互感器	变压器	电抗器	熔断器	电力电容器	电力电缆		母线
	支柱	穿墙								空气中	土中、水中	
θ_0	40			40		40			25	25	15	25

导体长期发热时可按下式计算:

$$\theta_c = \theta + (\theta_y - \theta) \frac{I_{\max}}{I_{y\theta}} \tag{8.2}$$

式中　θ_c——导体长期发热温度,℃;

　　　$I_{g \cdot zd}$——通过导体的最大长期工作电流(持续 30 min 以上的最大工作电流),A;

　　　$I_{y\theta}$——校正后的导体允许电流,A。

8.3　导体短路时的发热计算

短路电流通过导体时,其发热温度很高,导体或电器都必须经受短路电流发热的考验,导体或电器承受短路电流热效应而不致损坏的能力为热稳定性。为了使导体或电器在短路时不致因为过热而损坏,必须要计算在短路时的最高发热温度 θ_d,并校验这个温度是否超过导体或电器短路时发热允许温度 θ_{dy},即校验其热稳定性。如果 $\theta_d \leq \theta_{dy}$ 时,就满足导体或电器的热稳定性;反之,需要增加导体截面积或限制短路电流。

8.3.1 发热计算的条件

由于导体短路时的电流很大,而时间又很短,导体产生的大量热量来不及向周围环境散失,可视为在短路时间内产生的全部热量被导体吸收用来升高温度,发热过程处在绝热状态,即不考虑散热。

发生短路时,导体温度变化范围很大,从几十度升至几百度。因此,导体的电阻和比热不能看做常数,应是温度的函数。导体温度为 θ 时的电阻为:

$$R_\theta = \rho_0(1 + \alpha\theta)\frac{l}{S} \ (\Omega) \tag{8.3}$$

式中　R_θ——温度为 θ 时导体的电阻,Ω;

　　　ρ_0——0 ℃时导体的电阻率,$\Omega \cdot m$;

　　　α——ρ_0 的温度系数,$1/℃$;

　　　l——导体的长度,m;

　　　S——导体的截面积,m^2。

导体的温度为 θ 时的比热为:

$$C_\theta = C_0(1 + \beta\theta) \ [J/(kg \cdot K)] \tag{8.4}$$

式中　C_θ——温度为 θ 时导体的比热,$J/(kg \cdot K)$;

　　　C_0——0 ℃时导体的比热,$J/(kg \cdot K)$;

　　　β——C_0 的温度系数,$1/℃$。

8.3.2 短路时发热温度 θ_d 的计算

根据短路时导体发热计算条件,导体产生的全部热量与其吸收的热量相平衡,则有

$$i_d^2 R_\theta dt = C_\theta m d\theta$$

$$i_d^2 \rho_0(1 + \alpha\theta)\frac{l}{S}dt = C_0(1 + \beta\theta)\rho_m SL d\theta \tag{8.5}$$

式中　i_d——短路电流的有效值,A;

　　　m——导体质量,$m = \rho_m Sl$,kg;

　　　ρ_m——导体材料的密度,kg/m^2。

由式(8.5)得:

$$\frac{1}{S^2}i_d^2 dt = \frac{C_0\rho_m}{\rho_0}\left(\frac{1 + \beta\theta}{1 + \alpha\theta}\right)d\theta \tag{8.6}$$

令短路发生时刻为 0,切除时刻为 t,对应的导体温度为 θ_q(导体起始温度)和 θ_d,对式(8.6)两边积分,即:

$$\frac{1}{S^2}\int_0^t i_d^2 dt = \frac{C_0\rho_m}{\rho_0}\int_{\theta_q}^{\theta_d}\left(\frac{1 + \beta\theta}{1 + \alpha\theta}\right)d\theta$$

$$Q_k = S^2(A_d - A_q)$$

$$A_d = \frac{Q_d}{S^2} + A_q \tag{8.7}$$

式中　Q_k——短路电流的热效应,$Q_k = \int_0^t i_d^2 dt$

$$A_{\mathrm{d}} = \frac{C_0 \rho_m}{\rho_0}\left[\frac{\alpha - \beta}{\alpha^2}\ln(1 + \theta_{\mathrm{d}}) + \frac{\beta}{\alpha}\theta_{\mathrm{d}}\right]\Bigg\}$$

$$A_{\mathrm{q}} = \frac{C_0 \rho_m}{\rho_0}\left[\frac{\alpha - \beta}{\alpha^2}\ln(1 + \theta_{\mathrm{q}}) + \frac{\beta}{\alpha}\theta_{\mathrm{q}}\right]\Bigg\} \tag{8.8}$$

A_{d} 为导体短路发热至最高温度效应 Q_{k} 时所对应的 A 值，A_{q} 为短路开始时刻导体起始温度为 θ_{q} 所对应的 A 值。

短路电流的热效应 Q_{k} 与短路电流产生的热量成比例，能表征导体短路时产生的热量。

由 $Q_{\mathrm{k}} = \int_0^t i_{\mathrm{d}}^2 \mathrm{d}t$ 和式（8.8）可看出，Q_{k} 的计算和 A_{d} 与 A_{q} 的计算用解析方法都很麻烦，因此，工程上一般都采取简化的计算方法。现分述如下：

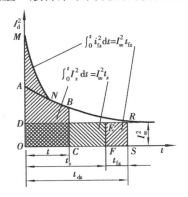

图 8.2　无自动电压调节器的 $I_{\mathrm{d}}^2 = f(t)$ 曲线

（1）小系统短路电流热效应 Q_{k} 的计算

由于短路电流瞬时值 i_{d} 变化复杂，因此在工程应用中采用稳定电流 I_∞ 及等效（假象）发热时间 t_{dz} 实施代换的计算方法，其物理概念如图 8.2 所示。

采用等值时间法来计算热效应 Q_{k}，即在短路时间 t 内电流 i_{d} 产生的热效应与等值时间 t_{dz} 内稳态电流 I_∞ 产生的热效应相同，如图 8.2 所示。因此有：

$$Q_{\mathrm{k}} = \int_0^t i_{\mathrm{d}}^2 \mathrm{d}t = I_\infty^2 t_{\mathrm{dz}} \tag{8.9}$$

式中 t_{dz} 称为短路发热等值时间，其值为：

$$t_{\mathrm{dz}} = t_{\mathrm{z}} + t_{\mathrm{fz}} \tag{8.10}$$

式中　t_{z}——短路电流周期分量等值时间，s；

　　　t_{fz}——短路电流非周期分量等值时间，s。

t_{z} 从图 8.3 周期分量等值时间曲线查得，图中 $\beta'' = \dfrac{I''}{I_\infty}$，$t$ 为短路计算时间。

图 8.3 只作出 $t \leq 5$ s 的曲线，短路时间 $t > 5$ s 以后的短路电流等于稳态电流，这种情况下的短路发热等值时间 t_{dz} 用下式计算：

$$t_{\mathrm{dz}} = t_{\mathrm{z}(5)} + (t - 5)\ (\mathrm{s}) \tag{8.11}$$

式中　$t_{\mathrm{z}(5)}$——在 $t = 5$ s 曲线上查得的 t_{z}，s。

当 $t > 1$ s 时，短路电流非周期分量基本衰减完了，可不计及非周期分量的发热，因此不计算 t_{fz}，只计算 t_{z}，此时 $Q_{\mathrm{k}} = I_\infty^2 t_{\mathrm{z}}$。但在 $t < 1$ s 时，应计及非周期分量的发热，短路电流的热效应 $\theta_{\mathrm{k}} = I_\infty^2 (t_{\mathrm{z}} + t_{\mathrm{fz}})$。$t_{\mathrm{fz}}$ 用计算方法求得。非周期分量热效应为：

$$\int_0^t i_{\mathrm{fz}}^2 \mathrm{d}t = I_\infty^2 t_{\mathrm{fz}} \tag{8.12}$$

$$i_{\mathrm{fz}} = \sqrt{2} I'' \mathrm{e}^{-\frac{t}{T_{\mathrm{a}}}}$$

$$\int_0^t (\sqrt{2} I'' \mathrm{e}^{-\frac{t}{T_{\mathrm{a}}}})^2 \mathrm{d}t = I_\infty^2 t_{\mathrm{fz}}$$

则

$$t_{\mathrm{fz}} = T_{\mathrm{a}}\left(\frac{I''}{I_\infty}\right)^2 (1 - \mathrm{e}^{-\frac{2t}{T_{\mathrm{a}}}}) \tag{8.13}$$

式中　T_a——短路电流非周期分量衰减时间常数(平均值约为 0.05 s),s。

当 $T_a = 0.05$ s 和 $t > 0.1$ s 时,式(8.13)中的 $-e^{-\frac{2t}{T_a}} \approx 0$,因此

$$t_{fz} = 0.05\beta''^2$$

(2)大系统短路电流热效应计算

1)周期分量热效应

周期分量热效应为 $Q_{zk} = \int_0^t I_z^2 dt$,在求 Q_{zk} 时,实用计算是以近似积分法为基础,利用辛普松公式求得较佳的结果。周期分量热效应 Q_{zk} 按下式计算:

$$Q_{zk} = \frac{I''^2 + 10I_{z \cdot \frac{t}{2}}^2 + I_{zt}^2}{12} \tag{8.14}$$

式中　Q_{zk}——短路电流周期分量热效应,$kA^2 \cdot s$;

　　　　I''——次暂态短路电流 kA;

　　　　$I_{z \cdot \frac{t}{2}}$——$t/2$ 秒时周期分量有效值,kA;

　　　　I_{zt}——t 秒时周期分量有效值,kA;

　　　　t——短路持续时间,s。

2)周期分量热效应 Q_{fk} 按下式计算

$$Q_{fk} = TI'' \tag{8.15}$$

式中　Q_{fk}——短路电流非周期分量热效应,$kA^2 \cdot s$;

　　　　I''——次暂态短路电流,kA;

　　　　T——等效时间,s。为简化计算,可按表8.5 查得。

表8.5　非周期分量等效时间/s

短路点	T/s	
	$t \leq 0.1$	$t < 0.1$
发电机出口及母线	0.15	0.2
发电机升高电压母线及出线 发电机电压出线电抗器	0.08	0.1
变电所各级电压母线及出线	0.05	

(3)A_d 与 A_q 的计算

按照式(8.8)作成 $\theta = f(A)$ 曲线(见图8.4)。求 A 值时,首先由已知的短路开始时刻导体起始温度 θ_q(一般取正常运行时导体发热允许温度),在图 8.4 中相应导体材料的曲线上查出 A_q 值,再根据式(8.9)求出热效应 Q_k 值,最后将 A_q、Q_k 和导体截面积 S 值代入式(8.7)中,求出 A_d 值。求出 A_d 值后,由 A_d 值在相应导体材料的 $\theta = f(A)$ 曲线上查得短路时导体最高发热温度 θ_d 值。

8.3.3　校验电气设备的热稳定方法

(1)校验载流导体热稳定方法

1)允许温度法:校验方法是利用 $A_d = \dfrac{Q_k}{S^2} + A_q$ 曲线来求短路时导体最高发热温度 θ_d,当 θ_d

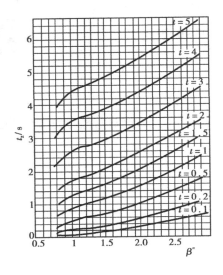

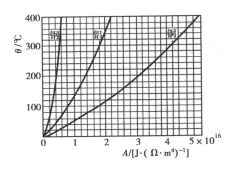

图 8.3　具有自动电压调节器的发电机短
路电流周期分量等值时间曲线

图 8.4　$\theta = f(A)$ 曲线

小于或等于导体短路时发热允许温度 θ_{dy} 时,认为导体在短路时发热满足热稳定;否则,不满足热稳定。

2)最小截面法:据式(8.7)和式(8.9)得:

$$S = I_{\infty} \sqrt{\frac{t_{dz}}{A_d - A_q}} \tag{8.16}$$

设短路发热最高温度 θ_d 等于其最高允许温度 θ_{dy},导体起始温度 θ_q 等于长期发热允许温度 θ_y。由 $\theta = f(A)$ 曲线查得对应于 θ_{dy} 和 θ_y 的 A_{dy} 和 A_y 值,将式(8.16)中的 A_d 和 A_q 分别用 A_{dy} 和 A_y 来代替,则该式中所决定的导体截面积 S 就是短路时导体发热温度等于发热允许温度时的导体所需要的最小截面积 S_{zx}。因此,计及集肤效应时,可得出计算最小截面公式:

$$S = I_{\infty} \sqrt{\frac{t_{dz} K_j}{A_d - A_q}} = \frac{I_{\infty}}{C} \sqrt{t_{dz} K_j} \quad (\text{m}^2) \tag{8.17}$$

式中　C——热稳定系数,$C = \sqrt{A_{dy} - A_y}$,母线 C 值见表 8.6;

K_j——集肤效应系数,查设计手册可得。

用最小截面 S_{zx} 来校验载流导体的热稳定性,当所选择的导体截面积 S 大于或等于 S_{zx} 时,导体是热稳定的;反之,不满足热稳定。

表 8.6　不同工作温度下裸导体的母线 C 值

工作温度/℃	40	50	60	70	75	80	85
硬铝及铝锰合金	99×10^6	95×10^6	91×10^6	87×10^6	85×10^6	83×10^6	81×10^6
硬　铜	186×10^6	181×10^6	176×10^6	171×10^6	169×10^6	166×10^6	163×10^6

(2)校验电器热稳定的方法

电器的种类多,结构复杂,其热稳定性通常由产品或电器制造厂给出的热稳定时间 t_s 内的

热稳定电流 I_r 来表示。一般 t_s 的时间有 1 s, 4 s, 5 s 和 10 s。t_s 和 I_r 可以从产品技术数据表中查得。校验电器热稳定应满足下式：

$$I_r^2 t_s \geqslant I_\infty^2 t_{dz} \tag{8.18}$$

如果某电器不满足式(8.18)，则说明该电器不满足热稳定，这样的电器不能选用。

(3)比较三相和两相短路的发热

短路时发热计算一般都按三相短路计算，因为电力网任一点三相短路电流 $I''^{(3)}$ 总比该点的两相短路电流大。因此，当计算出的三相稳态短路电流 $I_\infty^{(3)}$ 大于两相稳态短路电流 $I_\infty^{(2)}$ 时，则三相短路发热比两相短路发热严重，这时应按三相短路校验电气设备的热稳定。

但在少数情况下，如独立运行的发电厂，可能出现 $I_\infty^{(3)} \leqslant I_\infty^{(2)}$。这时不能因为 $I_\infty^{(3)} < I_\infty^{(2)}$ 而按两相短路校验热稳定，必须进行发热比较，因为发热不但与电流有关，而且还和等值时间有关。如果 $[I_\infty^{(2)}]^2 t_{dz}^{(2)} > [I_\infty^{(3)}]^2 t_{dz}^{(3)}$，则两相短路发热大于三相短路发热，应按两相短路校验热稳定；反之，按三相短路校验热稳定。

计算 $t_{dz}^{(2)}$ 时，$\beta''^{(2)} = \dfrac{I''^{(2)}}{I_\infty^{(2)}} = \dfrac{\sqrt{3}}{2} \dfrac{I''^{(3)}}{I_\infty^{(2)}}$。利用图 8.3 的曲线查出 $t_z^{(2)}$，再利用式(8.13)求出 $t_{fz}^{(2)}$。两相短路发热等值时间 $t_{dz}^{(2)} = t_z^{(2)} + t_{fz}^{(2)}$。

例 8.2　校验某发电厂铝母线的热稳定性。已知：母线截面积 $S = 50 \text{ mm} \times 6 \text{ mm}$，流过母线的最大短路电流 $I''^{(3)} = 25 \text{ kA}$，$I_\infty^{(3)} = 14 \text{ kA}$，$I_\infty^{(2)} = 19 \text{ kA}$。继电保护动作时间 $t_b = 1.25 \text{ s}$，断路器全分闸时间 $t_f = 0.25 \text{ s}$。母线短路时的起始温度 $\theta_q = 60 \ ℃$。

解　因为 $I_\infty^{(2)} > I_\infty^{(3)}$，所以要比较两相短路的发热。

短路计算时间：

$$t = t_b + t_f = 1.25 \text{ s} + 0.25 \text{ s} = 1.5 \text{ s} > 1 \text{ s}$$

故不考虑短路电流非周期分量的发热，即不计算 t_{fz}，只计算 t_z，$t_{dz} = t_z$。

计算 $t_z^{(3)}$ 和 $t_z^{(2)}$

$$\beta''^{(3)} = \frac{I''^{(3)}}{I_\infty^{(3)}} = \frac{25}{14} = 1.79$$

根据 $t = 1.5 \text{ s}$ 和 $\beta''^{(3)} = 1.79$，在图 8.3 曲线上查得 $t_z^{(3)} = 1.82 \text{ s}$

$$\beta''^{(2)} = \frac{I''^{(2)}}{I_\infty^{(2)}} = \frac{\sqrt{3}}{2} \frac{I''^{(3)}}{I_\infty^{(2)}} = \frac{0.866 \times 25}{19} = 1.14$$

据 $t = 1.5 \text{ s}$ 和 $\beta''^{(2)} = 1.14$，在图 8.3 曲线上查得 $t_z^{(2)} = 1.3 \text{ s}$

三相短路时的热效应为：

$$[I_\infty^{(3)}]^2 t_{dz}^{(3)} = 14^2 \times 1.82 = 356.7 \times 10^6 (\text{A}^2 \cdot \text{s})$$

两相短路时的热脉冲为：

$$[I_\infty^{(2)}]^2 t_{dz}^{(2)} = 19^2 \times 1.3 = 469.3 \times 10^6 (\text{A}^2 \cdot \text{s})$$

因此，两相短路发热大于三相短路发热，应按两相短路进行校验。

(1)用允许温度法校验：由 $\theta_q = 60 \ ℃$，在 $\theta = f(A)$ 曲线上查出 $A_q = 0.43 \times 10^{16} \text{ J}/(\Omega \cdot \text{m}^4)$。

$$A_d = \frac{[I_\infty^{(2)}]^2 t_z^{(2)}}{S^2} + A_q = \frac{(19 \times 10^3)^2 \times 1.3}{(50 \times 6 \times 10^{-6})^2} + 0.43 \times 10^{16}$$

$$= 0.52 \times 10^{16} + 0.43 \times 10^{16} = 0.95 \times 10^{16} \left[J/(\Omega \cdot m^4) \right]$$

查 $\theta = f(A)$ 曲线得 $\theta_d = 138$ ℃，铝母线短路时的发热允许温度 $\theta_{dy} = 200$ ℃，所以 $\theta_d < \theta_{dy}$，满足热稳定性。

（2）用最小截面法校验：母线的工作温度 $\theta_q = 60$ ℃，由表 8.6 查得热稳定系数 $C = 91 \times 10^6$。

母线最小截面为：

$$S = \frac{I_\infty^{(2)}}{C} \sqrt{t_{dz}^{(2)} K_j} = \frac{19 \times 10^3}{91 \times 10^6} \times \sqrt{1.3 \times 1}$$

$$= 0.238 \times 10^{-2} (m^2) = 238 \ (mm^2)$$

因此，$S = 50 \ mm \times 6 \ mm = 300 \ mm^2 > S_{zx} = 238 \ mm^2$，满足热稳定性。

8.4 导体短路时的电动力计算

众所周知，通过导体的电流产生磁场，因此，载流导体之间会受到电动力的作用。正常工作情况下，导体通过的电流较小，因而电动力也不大，不会影响电气设备的正常工作。短路时，通过导体冲击电流产生的电动力可达很大的数值，导体和电器可能因此而产生变形或损坏。闸刀式隔离开关可能自动断开而产生误动作，造成严重事故。开关电器触头压力明显减小，可能造成触头熔化或熔焊，影响触头的正常工作或引起重大事故。因此，必须计算电动力，以便正确地选择和校验电气设备，保证有足够的电动力稳定性，使配电装置可靠地工作。

8.4.1 两平行圆导体间的电动力

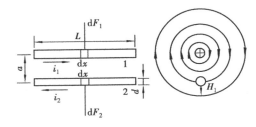

图 8.5 两平行圆导体间的电动力

图 8.5 为长度为 L 的两根平行圆导体，分别通过电流 i_1 和 i_2，并且 $i_1 = i_2$。两导体的中心距离为 a，直径为 d。当导体的截面或直径 d 比 a 小得多以及 d 比导体长度 L 小得很多时，可认为导体中的电流 i_1 和 i_2 集中在各自的几何轴线上流过。

两导体间的电动力可根据比奥-沙瓦定律计算。计算导体 2 所受的电动力时，可以认为导体 2 处在导体 1 所产生的磁场中，其磁感应强度用 B_1 表示，B_1 的方向与导体 2 垂直，其大小为：

$$B_1 = \mu_0 H_1 = 4\pi \times 10^7 \frac{i}{2\pi a} = 2 \times 10^{-7} \frac{i}{a} \quad (T) \tag{8.19}$$

式中 H_1——导体 1 中的电流 i_1 所产生的磁场在导体 2 处的磁场强度；

μ_0——空气的导磁系数。

在长度 dx 一段导体上所受的电动力为：

$$dF_2 = i_2 B_1 dx = 2 \times 10^{-7} \frac{i_1 i_2}{a} dx$$

导体 2 全长 L 上所受的电动力为：

$$F_2 = \int_0^L 2 \times 10^{-7} \frac{i_1 i_2}{a} \mathrm{d}x = 2 \times 10^{-7} \frac{i_1 i_2}{a} L \quad (\mathrm{N}) \tag{8.20}$$

式中,i_1、i_2 的单位为 A;L 的单位为 m。

同样,计算导体 1 所受的电动力时,可以为导体 1 处在导体 2 所产生的磁场中,显然导体 1 所受到的电动力与导体 2 相等。

由式(8.20)可见,两平行圆导体间的电动力大小与两导体通过的电流和导体的长度成正比,与导体间中心距离成反比。

平行的管形导体间的电动力可以应用式(8.20)计算。

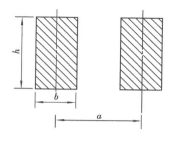

图 8.6　平行矩形截面导体

8.4.2　两平行矩形截面导体间的电动力

图 8.6 所示为两条平行矩形截面导体,其宽度为 h,厚度为 b,长度为 L,两导体中心的距离为 a,通过的电流为 i_1 和 i_2。当 b 与 a 相比不能忽略或两导体之间布置比较近时,不能认为导体中的电流集中在几何轴线流过,因此,应用式(8.20)求这种导体间的电动力将引起较大的误差。实际应用中,在式(8.20)里引入一个截面形状系数,以计及截面对导体间电动力的影响,即得出两平行矩形截面导体间电动力的计算公式:

$$F = 2 \times 10^{-7} \frac{L}{a} i_1 i_2 K_x \tag{8.21}$$

式中　K_x——截面形状系数。

截面形状系数的计算比较复杂,对于常用的矩形母线截面形状系数,已绘制成了曲线,如图 8.7 所示,供设计时使用。从图中可见,K_x 与导体截面尺寸及相互距离有关,当 $\dfrac{a-b}{b+h} > 2$ 时,$K_x \approx 1$,可不计截面形状对电动力的影响。

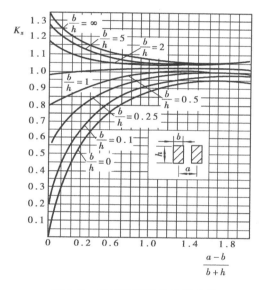

图 8.7　母线截面形状系数曲线

8.4.3　三相母线短路时的电动力

三相母线布置在同一平面中,是实际中经常采用的一种布置形式,如图 8.8 所示。母线分别通过三相正弦交流电流 i_a、i_b、i_c,在同一时刻,各相电流是不相同的。发生对称三相短路时,作用于每相母线上的电动力大小是由该相母线的电流与其他两相电流的相互作用力所决定的。在校验母线动稳定时,用可能出现的最大电动力作为校验的依据。经过证明,B 相所受的电动力最大,比 A 相、C 相大 7%。由于电动力的最大瞬时值与短路冲击电流有关,故最大电动力用冲击电流来表示,则 B 相所受的电动力为:

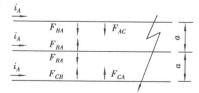

图 8.8　对称三相短路电动力

$$F_{\max} = 1.73 \times 10^{-7} \frac{L}{a} i_{ch}^2 \ (\mathrm{N}) \qquad\qquad (8.22)$$

式中　$F_{\max}$——三相短路时的最大电动力，N；

$\quad\quad L$——母线绝缘子跨距，m；

$\quad\quad a$——相间距离，m；

$\quad\quad i_{ch}$——三相短路冲击电流，A。

在同一地点两相短路时最大电动力比三相短路小，因此，采用三相短路来校验其动稳定。

8.4.4　校验电气设备动稳定的方法

动稳定是指电动力稳定，就是电气设备随短路电流引起的机械效应的能力。

（1）校验母线动稳定的方法

按下式校验母线动稳定：

$$\sigma_y \geqslant \sigma_{zd} \quad (\mathrm{Pa}) \qquad\qquad (8.23)$$

式中　σ_y——母线材料的允许应力，Pa；

$\quad\quad \sigma_{zd}$——母线最大计算应力，Pa。

（2）校验电器动稳定的方法

按下式校验电器动稳定：

$$i_j \geqslant i_{ch} \quad (\mathrm{kA}) \qquad\qquad (8.24)$$

式中　i_j——电器极限通过电流的幅值，从电器技术数据表中查得；

$\quad\quad i_{ch}$——三相短路冲击电流，一般高压电路中短路时，$i_{ch}=2.55\,I''$，直接由大容量发电机供电的母线上短路时，$i_{ch}=2.7I''$。

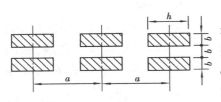

图8.9　三相母线的放置

例 8.3　已知发电机引出线截面积 $S = 2 \times (100 \times 8)$ mm^2，其中 $h = 100\ \mathrm{mm}$，$b = 8\ \mathrm{mm}$，"2"表示一相母线有2条。三相母线水平布置平放（见图8.9）。母线相间距离 $a = 0.7\ \mathrm{m}$，母线绝缘子跨距 $L = 1.2\ \mathrm{m}$。三相短路冲击电流 $i_{ch} = 46\ \mathrm{kA}$。求三相短路时的最大电动力 $F_{\max}$ 和三相短路时一相母线中两条母线间的电动力 F_i。

解　（1）求 $F_{\max}$。根据式（8.22），母线三相短路时所受的最大电动力为：

$$F_{\max} = 1.73 \times 10^{-7} \frac{L}{a} i_{ch}^2 = 1.73 \times 10^{-7} \times \frac{1.2}{0.7} \times (46 \times 10^3)^2 = 627.6 \ (\mathrm{N})$$

（2）求 F_i。根据式（8.21）得：

$$F = 2 \times 10^{-7} \frac{L}{a} i_1 i_2 K_x$$

式中 $a = 2b = 2 \times 8 \times 10^{-3}\ (\mathrm{m})$，由于两条矩形母线的截面积相等，通过相同的电流，因此式中

$$i_1 = i_2 = \frac{1}{2} i_{ch} = \frac{1}{2} \times 46 \times 10^3 = 23 \times 10^3 \quad (\mathrm{A})$$

式中母线长度 L 等于绝缘子跨距 L，故 $L = 1.2\ \mathrm{m}$。

根据　　　　　　　　　　　$\dfrac{b}{h} = \dfrac{8}{100} = 0.08$

$$\frac{a-b}{b+h} = \frac{2b-b}{b+h} = \frac{b}{b+h} = \frac{8}{8+100} = 0.07$$

从图 8.7 中查得 $K_x = 0.38$，所以

$$F_i = 2 \times 10^{-7} \times \frac{1.2}{2 \times 8 \times 10^{-3}} \times (23 \times 10^3)^2 \times 0.38 = 3\,015 \quad (\text{N})$$

思 考 题

1. 长期发热和短路时发热各有何特点？

2. 为什么要规定导体和电器的长期允许发热温度？短路时发热允许温度和长期发热允许温度是否相同，为什么？

3. 导体长期允许发热电流是根据什么确定的？提高长期允许电流应采用哪些措施？

4. 为什么要计算导体短路时发热最高温度？如何计算？

5. 如何计算短路电流周期分量和非周期分量的热效应？

6. 电动力对导体和电器运行有何影响？

7. 三相平行导体中最大电动力发生在哪一相，试加以解释。

8. 何谓经济电流密度？按经济电流密度选择的导体，为何还必须按长期发热允许电流进行校验？

9. 配电装置的汇流母线，为何不按经济电流密度选择导体截面？

10. 有一条 3 kV 的三芯电缆，作为厂用电动机的馈电电缆，铝芯截面为 3 mm × 25 mm。已知短路前电缆的工作温度为 $\theta = 80\ ℃$，短路电流通过时间 $t_d = 0.5\ \text{s}$，短路电流值不变，$I_d = 28\ \text{kA}$。试问这条电缆能否满足热稳定要求？

第 **9** 章
电气设备选择

正确地选择电气设备是保证安全运行的重要条件之一。各种电气设备和载流导体由于用途与工作条件不完全相同,因此它们各自的选择条件与方法也不完全相同,但是对它们在正常工作中的可靠性与短路时的稳定性等基本要求是一致的,故选择电气设备的一般条件相同。

9.1　电气设备和载流导体选择的一般条件

9.1.1　按正常工作条件选择电器

1)根据额定电压选择。电器的额定电压是在其铭牌上所标出的线电压值。此外,电器还有一个技术参数为最大工作电压,即电器在长期运行中所能承受的最高电压值。一般电器的最大工作电压比其额定电压高 10% ~ 15%,例如额定电压为 110 kV 及以上的断路器、隔离开关、互感器的最大工作电压比其额定电压高 10%;又例如额定电压为 3 ~ 35 kV 的断路器、隔离开关、支持绝缘子的最高工作电压比其额定电压高 5%。选择电器时必须保证电器实际承受的最高电压不超过其最大工作电压,否则会造成电器因绝缘击穿而损坏。为此,根据额定电压选择电器时应满足以下条件:电器的额定电压 U_n 不小于电器装设地点电网的额定电压 U_{nc},即:

$$U_n \geqslant U_{nc} \tag{9.1}$$

2)根据额定电流选择。电器的额定电流 I_n 应不小于安装设备回路的最大工作电流即 I_{max}:

$$I_n \geqslant I_{max} \tag{9.2}$$

不同工作回路的最大工作电流计算方法如下:同步发电机、调相机、三相电力变压器最大工作电流为其额定电流值的 1.05 倍;电动机的最大工作电流为其额定电流值。

9.1.2　校验热稳定和动稳定

短路电流通过电器时,会引起电器温度升高,并产生巨大的电动力。当通过电器的短路电流愈大、时间愈长时,电器所受到的影响愈严重。校验电器和载流导体的热稳定和动稳定应考虑各种短路最严重情况。

（1）校验动稳定

动稳定是指电器通过短路电流时，其导体、绝缘和机械部分不因短路电流的电动力效应引起损坏，而能继续工作的性能。电器的动稳定电流 i_{ch}，是指电器根据动稳定的要求所允许通过的最大短路电流。为保证电器的动稳定，在选择电器时应满足电器的动稳定电流 i_p 不小于通过电器的最大三相冲击短路电流 $i_{im}^{(3)}$ 的条件，即：

$$i_p \geqslant i_{im}^{(3)} \tag{9.3}$$

（2）校验热稳定

热稳定是指电器通过短路电流时，电器的导体和绝缘部分不因短路电流的热效应使其温度超过它的短路时最高允许温度，而造成损坏妨碍继续工作的性能。

电器制造厂家根据国家有关规定，一般提供电器 2 s 的热稳定电流（如需要可提供 3 s，4s 或 1 s 热稳定电流）。为保证电器的热稳定，在选择电器时应满足电器所允许的热效应（$Q_p = I_t^2 \times t$）不小于短路电流通过电器时短路电流的最大热效应 Q_k 的条件，即：

$$I_t^2 \times t \geqslant Q_k \tag{9.4}$$

式中　Q_k——短路时的最大热效应；

　　　I_t——时间为 t 的热稳定电流。

9.1.3　根据机械负荷选择

根据机械负荷选择电器时，要求电器端子的允许机械负荷不小于电器引线在正常和短路时所承受的最大作用力。

9.1.4　按电器工作的特殊要求校验

根据各种电器的用途、工作特点等进行特殊项目的校验。例如高压断路器应校验其断路能力，互感器应校验准确度等等。

9.2　单条矩形母线的选择

35 kV 及其以下电压等级的配电装置，一般采用矩形母线。矩形母线通常安装在支持绝缘子之上，母线的绝缘是由支持绝缘子来保证的，所以选择矩形母线时可以不考虑按额定电压选择的要求。

选择矩形母线的一般条件如下：

9.2.1　按最大工作电流选择母线截面

按最大工作电流选择母线截面时，应满足母线的长期允许电流 I_{ny}。不小于回路的最大工作电流 I_{max} 条件，即：

$$I_{ny} \geqslant I_{max} \tag{9.5}$$

$$I_{ny} = k_\theta \times I_N$$

式中　k_θ——环境温度校正系数,详见表9.1;

　　　I_N——环境温度为 25 ℃时母线的长期允许电流。

表 9.1　环境温度校正系数值

实际环境温度/℃	20	25	30	35	40	45	50
k_θ值	1.05	1.00	0.94	0.88	0.81	0.74	0.67

实际选择中,应按式(9.5)确定某一个标称截面 S_n。

9.2.2　按经济电流密度选择母线截面

一定的负荷电流通过母线时,母线会产生电能损耗,电能损耗的多少与母线截面有关。母线运行费用主要由电能损耗费用、设备维护费和设备折旧费等几部分组成。母线截面积愈大,电能损耗费用愈小,而相应的设备维护费和折旧费则增大;母线截面积愈小,电能损耗费用愈大;而相应的设备维护费和折旧费减小。当母线为某一截面时,母线的电能损耗费用与相应设备维护费、折旧费的总合为最小(即年运行费最低),这个母线截面则称为经济截面。导体经济截面所对应的电流密度称为经济电流密度。国家根据全面的技术经济政策,制定出相应的经济电流密度。我国目前矩形等母线所采用的经济电流密度如图9.1所示。

在发电厂或变电站中,一般仅在发电机和主变压器等最大负荷利用小时数较高的回路中按经济电流密度选择母线截面。

按经济电流密度选择截面时应满足以下条件:

$$S_2 = \frac{I_w}{J} \quad (\text{mm}^2) \tag{9.6}$$

式中　S_2——经济截面,mm^2;

　　　I_w——回路工作电流,A;

　　　J——经济电流密度,A/mm^2。

图9.1铝质矩形、槽形和组合导线的经济电流密度实际选择中,应首先计算出经济截面,再按经济截面选取与之最相近的标准截面 S_{n2} 为所选定的截面。需要强调指出:当按经济电流密度选择的标准截面为 S_{n2},若其小于按最大工作电流选择的标准截面 S_{n1} 时,必须以 S_{n1} 为选定的标准截面,否则不能满足正常发热的要求,会造成正常运行时母线温度超过长期工作允许温度值而引发事故。

9.2.3　校验动稳定

母线固定在支持绝缘子之上,当母线通过三相冲击短路电流时,母线因承受最大电动力而产生弯曲变形,如果母线的应力超过其允许应力必然造成母线损坏。因此,校验母线动稳定的条件是母线的允许应力 σ_y 不小于短路电流所产生的最大应力 σ_{max},即:

$$\sigma_y \geq \sigma_{max} \tag{9.7}$$

各种母线的允许应力如表9.2所示。

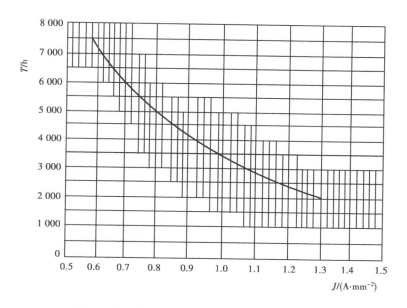

图 9.1 铝质矩形、槽形和组合导线的经济电流密度

表 9.2 母线的允许应力

母线材料	允许应力/(N·m⁻²)	母线材料	允许应力/(N·m⁻²)
硬铜	140×10^6	铝	70×10^6
铝锰合金管	90×10^6	钢	98×10^6

温度变化时,会引起母线长度的相应变化。为避免因母线自然伸缩而使固定母线的支持绝缘子承受过大的弯曲力矩,母线通常不硬性固定在支持绝缘子上,仅仅在经过穿墙套管和电气设备的引下线等部分采用硬性固定。为此,一般可将母线视为一个多跨距的自由梁;又因短路电流所产生的电动力沿母线全长均匀分布,故母线为一均匀荷重的多跨距自由梁。根据材料力学中的分析,母线所受的最大弯矩值 M 如下。

跨距数为 1 和 2 时:

$$M = \frac{FL}{8} \ (\text{N} \cdot \text{m}) \tag{9.8}$$

跨距数大于 2 时:

$$M = \frac{FL}{10} \ (\text{N} \cdot \text{m}) \tag{9.9}$$

式中　F——母线所承受的最大电动力,N;

　　　L——同一相母线两个相邻绝缘子之间的距离,m。

母线截面系数(抗弯矩)W 之值与三相母线的相对位置有关,当母线布置如图 9.2(a)所示时,母线截面系数 W 为:

$$W = \frac{b^2 h}{6} \tag{9.10}$$

母线布置如图 9.2(b)、(c)所示时,母线截为:

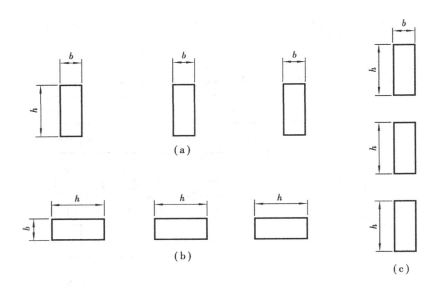

图 9.2 母线的各种布置形式

（a）母线水平排列竖放 （b）母线水平排列平放 （c）母线垂直排列竖放

$$W = \frac{bh^2}{6} \tag{9.11}$$

母线最大计算应力 σ_{max} 的计算式为：

$$\sigma_{max} = \frac{M}{W} \ (\text{Pa}) \tag{9.12}$$

式中 M——母线的最大弯矩，$\text{N} \cdot \text{m}$；

W——截面系数，m^2。

当母线的最大计算应力超过母线的允许应力时，采用减小同一相母线中两个相邻绝缘子之间距离是减少母线计算应力最有效且较经济的方法之一。当母线的计算应力等于其允许应力时，同一相中两个相邻绝缘子之间的最大允许距离称为母线的最大允许跨距，记为 L_{max}，其表示式为：

$$\sigma_p = \frac{\dfrac{fL_{max}^2}{10}}{W} \ (\text{Pa}) \tag{9.13}$$

式中 σ_p——母线允许应力，Pa；

f——单位长度母线上的最大电动力，N/m；

W——截面系数，m^3；

L_{max}——最大允许跨距，m。

所以

$$L_{max} = \sqrt{\frac{10 \times \sigma_p \times W}{f}} \tag{9.14}$$

如果校验母线动稳定不合格时，可以根据最大允许跨距重新选择相邻绝缘子之间的距离，当相邻绝缘子之间的距离不大于最大允许跨距时，母线的动稳定必然合格。当母线动稳定不

合格时,还可以采用如下措施减小母线应力:

①改变母线的布置方法增大截面系数,例如将三相水平排列的母线由立放改为平放;

②大母线截面,使母线截面系数增大;

③增加母线相间距离 a 值,使最大电动力减小;

④减小短路电流值,使最大电动力减小等。

9.2.4　校验热稳定

母线热稳定的合格条件:

$$\theta_{dp} \geqslant \theta_k \tag{9.15}$$

式中　θ_k——短路时母线的最高温度,℃;

　　　θ_{dp}——母线短路时的最高允许温度,℃,铝及铝锰合金为 200 ℃;铜为 300 ℃;6~10 kV
　　　油浸纸绝缘电缆铝芯为 200 ℃,铜芯为 230 ℃。

如果校验母线热稳定不合格,可以采用如下措施:增加母线的截面积、减少短路电流数值
及其通过母线的时间等。

在根据热稳定条件选择母线时,为了迅速地确定最小截面,可以首先计算出按热稳定要求
的最小允许截面 S_{min}。最小允许截面(S_{min})是指短路电流通过母线后母线的温度恰好升高到
短路时的最高允许温度时所要求最小的母线截面积。将最小允许截面所要求的条件代入式
(9.16)之后可得:

$$A_k = A_i + \frac{1}{S^2} \times Q_k \tag{9.16}$$

$$S_{min} = \frac{\sqrt{Q_k}}{\sqrt{A_{Nk} - A_{N0}}} = \frac{\sqrt{Q_k}}{C} \tag{9.17}$$

式中　S_{min}——最小允许截面,mm²;

　　　A_{nk}——与母线短路时最高允许温度相对应;

　　　A_{N0}——与母线长期发热温度相对应,可查 $\theta = f(A)$ 曲线,如图 8.4 所示;

　　　Q_d——短路热效应,kA²·s;

　　　C——母线热稳定系数,其值如表 9.3 所示。

表 9.3　不同工作温度下裸母线的 C 值

工作温度/℃	40	45	50	55	60	65	70	75	80	85	90	100	105
硬铝及铝合金	99	97	95	93	91	89	87	85	83	82	81	75	73
硬铜	186	183	181	179	176	174	171	169	166	164	161	157	155

显然可见,选取的母线标准截面积 S 不小于最小允许截面积 S_{min} 时,其热稳定必然合
格,即:

$$S \geqslant S_{min} \tag{9.18}$$

选择每相具有多条母线时,检验动稳定除考虑相间电动力之外,还应计及同相母线的条间

电动力,其具体计算方法本书从略。

9.3　支持绝缘子的选择

支持绝缘子按下列条件选择:①额定电压;②安装场所(户内或户外);③校验动稳定。

选择支持绝缘子动稳定合格的条件如下:

$$F_y \geqslant F_{max} \tag{9.19}$$

式中　F_y——绝缘子允许荷重,N;

$\quad\quad$ F_{max}——最大计算电动力,N。

支持绝缘子(抗弯)破坏荷重是指支持绝缘子的下端固定,在支持绝缘子上帽的水平方向施加外力,在弯曲力矩作用下使支持绝缘子产生破坏的最小外力值。为保证支持绝缘子使用中的安全,取绝缘子的允许(抗弯)荷重为其破坏荷重的60%。如果母线在绝缘子顶部立放,如图9.3(b)所示时,电动力 F 作用在母线的中间,电动力 F 对绝缘子产生的弯曲力距为 $F \times H$,其力臂 H 大于规定绝缘子破坏荷重作用时的力臂 H。为此,将实际电动力 F 根据对绝缘子作用力矩相等的原则折算到绝缘子上帽顶端的作用力便是计算电动力。因此,电动力 F_{max} 应按下列公式计算:

$$F_{max} = F \frac{H}{H'} \tag{9.20}$$

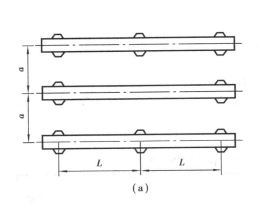
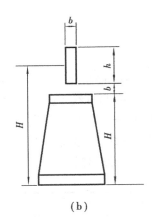

图9.3　支持绝缘子受力示意图

(a)三相母线　(b)母线在支持绝缘子上固定

式中　F——三相短路时最大电动力,N;

$\quad\quad$ H'——绝缘子高度,cm;

$\quad\quad$ H——母线中点至绝缘子底部距离,$H = H' + \dfrac{h}{2}$,cm;

$\quad\quad$ h——母线高度,cm。

如果母线采用平放,H 与 H' 之间相差仅为母线厚度的1.5倍,因母线厚度远小于绝缘子的高度,故可取 $H = H'$,即 $F_{max} = F$。

例9.1 某 10 kV 屋内配电装置中,环境温度为 25 ℃,母线采用三相水平排列,相间距离 $a = 25$ cm,同相两个相邻绝缘子距离 $L = 100$ cm,跨距数大于 2。通过母线短路电流值:$I^{(3)''} = 30$ kA,$I_{0.8} = 26$ kA。短路电流通过时间 $t = 1.6$ s。回路最大工作电流为 450 A。试选择该回路采用矩形铝母线的截面(不考虑按经济电流密度选择)和支持绝缘子型号。

解 (1)选择母线

母线三相水平排列,选择母线平放布置方式,如图 9.2(b)所示。

查设计手册初步选定铝母线截面 $S_1 = (40 \times 4)$ mm^2 = 160 mm^2。查得其额定电流 $I_{N1} = 480$ A,$I_{max} = 450$ A,满足 $I_{N1} \geqslant I_{max}$ 的选择条件。

1)校验热稳定

因为 $I_{max} \approx I_{N1}$,所以短路之前母线温度 $\theta_N = 70$ ℃,查曲线图 8.4 得 $A_i = 0.6 \times 10^{16}$ J/($\Omega \cdot$ m^4)。

由式(8.14)短路热效应 Q_k 为:

$$
\begin{aligned}
Q_k &= \frac{I''^2 + 10 I_{p \cdot \frac{t}{2}}^2 + I_{k \cdot pt}^2}{12} \times t \\
&= \frac{30^2 + 10 \times 26^2 + 23^2}{12} \times 1.6 = 1\ 092\ (\text{kA}^2 \cdot \text{s})
\end{aligned}
$$

由式(9.16)得:

$$
\begin{aligned}
A_k &= A_i + \frac{1}{S^2} \times Q_k \\
&= 0.6 \times 10^{16} + \frac{1}{(40 \times 4 \times 10^{-6})^2} \times 1\ 092 \times 10^6
\end{aligned}
$$

查曲线图 8.4,得 $Q_d > 400$ ℃,热稳定不合格。

计算最小允许截面,短路之前母线温度 $\theta_N = 70$ ℃,查表 9.4 得 $C = 87$。

$$
S_{max} = \frac{\sqrt{Q_k}}{C} = \frac{\sqrt{1\ 090 \times 10^6}}{87} = 379\ (\text{mm}^2)
$$

查设计手册,再选定 $S_2 = (63 \times 6.3)$ mm^2 = 396.9 mm^2,$I_{N2} = 910$ A,因 $S_2 > S_{max}$,故热稳定合格。

2)校验动稳定

单位电动力:

$$
\begin{aligned}
f &= 1.73 \times \left[i_{im}^{(3)} \right]^2 \times \frac{10^7}{a} \\
&= 1.73 \times (\sqrt{2} \times 1.8 \times 30\ 000)^2 \times \frac{10^{-7}}{0.25} \\
&= 4\ 035\ (\text{N/m})
\end{aligned}
$$

最大弯矩:

$$
M = \frac{fL^2}{10} = \frac{4\ 035 \times 1^2}{10} = 403.5\ (\text{N} \cdot \text{m})
$$

截面系数:

$$
W = \frac{bh^2}{6} = \frac{0.006\ 3 \times 0.063^2}{6} = 4.17 \times 10^{-6}\ (\text{m}^3)
$$

计算应力:

$$\sigma_{max} = \frac{M}{W} = \frac{403.5}{4.17 \times 10^{-6}} = 96.8 \times 10^{6} \, (\text{N/m}^2)$$

由于计算应力 σ_{max} 大于铝母线的允许应力 70×10^{6} Pa，故动稳定不合格。可采用减小同一相两个相邻绝缘子之间距离的方法来达到动稳定合格的要求。为此，计算最大跨距：

$$L_{max} = \sqrt{\frac{10 \times \sigma_p \times W}{f}} = \sqrt{\frac{10 \times 70 \times 10^{6} \times 4.17 \times 10^{-6}}{4\ 035}} = 0.85 \, (\text{m})$$

选取同一相两个相邻绝缘子的距离为 0.8 m 时，则动稳定合格。

如果要求母线相间距离 $a = 0.25$ m，而同一相两个相邻绝缘子距离 $L = 1$ m 的条件不变，可采用增加母线截面的方法达到动稳定的要求。这时，母线最小截面系数 W_{max} 为：

$$W_{max} = \frac{M}{\sigma_p} = \frac{403.5}{70 \times 10^{6}} = 5.76 \times 10^{-6} \, (\text{m}^3)$$

查设计手册，选择 63 mm × 10 mm 矩形铝母线，其截面系数为：

$$W' = \frac{b \times h^2}{6} = \frac{0.01 \times 0.063^2}{6} = 6.62 \times 10^{-6} \, (\text{m}^3)$$

因 63 mm × 10 mm 矩形铝母线的截面系数大于最小截面系数，故动稳定合格。

（2）选择绝缘子

查设计手册，初步选用 ZB—10 型支持绝缘子，其主要技术参数如下：额定电压 $U_N = 10$ kV，户内式，抗弯破坏荷重 $F = 7\ 335$ N。

绝缘子允许荷重：

$$F_p = 0.6 \times F = 0.6 \times 7\ 335 = 4\ 401 \, (\text{N})$$

绝缘子计算荷重：

$$F_{max} = f \times L = 4\ 035 \times 0.8 = 3\ 228 \, (\text{N})$$

因绝缘子计算荷重小于 ZB-10 型支持绝缘子允许荷重，故动稳定合格。

9.4　高压断路器的选择与校验

高压断路器应按下列条件进行选择与校验。

9.4.1　形式选择

选择高压断路器的形式与其安装场所、配电装置的结构等条件有关，同时还应考虑开断时间、频度、使用寿命等技术参数。根据我国目前高压断路器生产的情况，一般配电装置中 6 ~ 35 kV 选用真空断路器，35 kV 也可选用 SF_6 断路器；在 110 kV 及以上选用 SF_6 断路器。

9.4.2　按额定电压选择

断路器的额定电压不小于装设断路器回路所在电网的额定电压，一般在 10 kV 及其以上装置中均选择两者相同。

9.4.3　按额定电流选择

断路器的额定电流不小于装设断路器回路的最大持续工作电流。

9.4.4　按额定开断电流选择

断路器额定开断电流不小于断路器触头刚刚分开时所通过的短路电流。断路器实际开断时间(t_0)等于继电保护装置动作时间(t_p)和断路器固有动作时间(t_i)之和,即 $t_0 = t_p + t_i$。一般可按 $t_0 = 0.2$ s 或 $t_0 = 0$ s 考虑。

9.4.5　按机械负荷选择

断路器端子允许的机械负荷不大于断路器引线在正常运行和短路时所承受的最大电动力。

高压断路器接线端子允许的水平机械负荷见表9.4。

表9.4　高压断路器接线端子允许的水平机械负荷

断路器额定电压/kV	10 及以下	35～63	110	220～330
端子允许水平机械负荷/N	250	500	750	1 000

9.4.6　校验动稳定

断路器的额定峰值耐受电流(i_p)不小于通过断路器的最大三相短路冲击电流$[i_{im}^{(3)}]$,即:

$$i_p \geqslant i_{im}^{(3)}$$

9.4.7　校验热稳定

断路器允许的最大短路热效应($I_t^2 \times t$)不小于短路热效应(Q_k),即:

$$I_t^2 \times t \geqslant Q_k$$

9.4.8　选择操动机构

根据断路器的类型和操作电源及其回路的要求,选择与断路器相配套使用的操动机构。

9.5　高压隔离开关的选择

高压隔离开关应按下列项目进行选择与校验:

1)根据配电装置布置的特点,选择隔离开关的类型;

2)根据安装地点选用户内式或户外式;

3)隔离开关的额定电压应大于装设电路所在电网的额定电压;

4)隔离开关的额定电流应大于装设电路的最大持续工作电流;

5)动稳定校验应满足的条件为:

$$i_{ch}(短路冲击电流) \leqslant i_{dw}(产品目录中给出的极限通过电流峰值)$$

6)热稳定校验应满足的条件为:

$$I_t^2 \times t \geqslant Q_k$$

7)根据对隔离开关操作控制的要求,选择配用的操动机构。隔离开关一般采用手动操动机构。户内 8 000 A 以上隔离开关,户外 220 kV 高位布置的隔离开关和 500 kV 隔离开关,宜采用电动操动机构。当有压缩空气系统时,也可采用气动操动机构。

9.6 限流电抗器的选择

9.6.1 限流电抗器的结构与布置

限流电抗器实质上是电阻很小的空心电感线圈,三相电抗器之间用支柱式绝缘子绝缘。在 6 ~ 10 kV 配电装置中,可选用水泥电抗器。水泥电抗器结构简单、可靠性高、价格较便宜,但是它的尺寸大,较笨重。水泥电抗器的外形如图 9.4 所示。水泥电抗器的绕组采用纱包纸绝缘多股铝芯导线。制造时将电抗器绕组放置在专用支架上,浇注水泥而成水泥支柱。电抗器的水泥支柱需要经过真空干燥后浸漆处理,以防水分浸入。

水泥电抗器布置有水平、垂直和品字形 3 种,如图 9.5 所示,3 个单相组成水泥电抗器组,可以采用三相垂直重叠、二相重叠一相水平、三相水平品字形排列方式。为了减少相间支撑瓷座拉伸力,不同排列方式对线圈的绕向要求不同。按图 9.5(a)垂直排列布置时中间相与上下两相线圈绕向相反;按图 9.5(b)排列时,三相绕向相同;按图 9.5(c)排列时,垂直重叠的两相绕向相反,另一相与上面的那相绕向相同。目前我国生产的水泥电抗器为 NKL 型铝绕组电抗器,额定电压为 6 ~ 10 kV,额定电流为 150 ~ 2 000 A,电抗百分值为 3% ~ 12%。

水泥电抗器根据其结构特征,可分为普通电抗器和分裂电抗器 2 种。

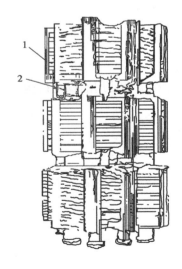

图 9.4 水泥电抗器的外形图
1—水泥电抗器;2—支持绝缘子

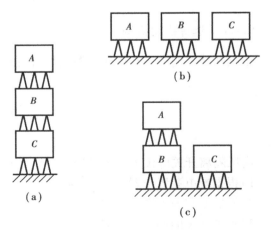

图 9.5 水泥电抗器的布置
(a)垂直布置 (b)水平布置 (c)品字形布置

9.6.2 普通水泥电抗器的主要技术参数

普通水泥电抗器的主要技术参数有额定电压、额定电流、电抗百分值和有功功率损耗等。

电抗百分值($X_L\%$)表示电抗器通过额定电流时,电抗器的电压降与额定电压之比的百分值,即:

$$X_L\% \approx \frac{\sqrt{3}I_{NL}Z_{NL}}{U_{NL}} \times 100 \approx \frac{\sqrt{3}I_{NL}X_L}{U_{NL}} \times 100 \qquad (9.21)$$

式中　I_{NL}——电抗器的额定电流;

　　　U_{NL}——电抗器的额定电压;

　　　Z_{NL}——电抗器的额定阻抗;

　　　X_{NL}——电抗器的电抗。

正常工作时,电抗器的电压降称为电抗器的电压损失。正常工作时电抗器的电压相量图如图9.6所示。显然,电抗器的电压损失(ΔU)计算公式为:

$$\Delta U = U_1 - U_2 = \overline{oa} - \overline{ob} = \overline{bd} \approx \overline{bc} = \overline{ab} \times \sin\varphi = \sqrt{3}I_fX_L\sin\varphi$$

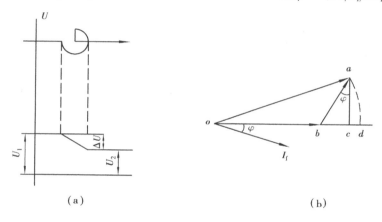

图9.6　电抗器的电压损失

(a)电抗器的电压分布　(b)电抗器电压损失相量图

正常工作时,电抗器电压损失百分值($\Delta U\%$)计算公式为:

$$\begin{aligned}
\Delta U\% &= \frac{\Delta U}{U_{NL}} \times 100 = \frac{\sqrt{3}I_fX_L\sin\varphi}{I_{NL}} \times 100 \\
&= \frac{X_L}{(U_{NL}/\sqrt{3}I_{NL})} \times 100 = \frac{I_f}{I_{NL}} \times \sin\varphi \\
&= (X_L\%) \times \frac{I_f}{I_{NL}} \times \sin\varphi \qquad (9.22)
\end{aligned}$$

为了保证供电质量,一般要求正常工作时电抗器电压损失百分值小于5%。

电抗器损耗是指电抗器通过额定电流时所产生的有功功率损耗,一般损耗为0.17%~0.4%。

电抗器后发生短路时,由于电抗器具有较大的电抗,使得电抗器前的电压较高,这时电抗器前的电压称为残余(剩余)电压,或简称为残压。为了减少某一条线路发生短路对其他线路的影响,一般要求残余电压不小于电网额定电压的60%。残余电压计算公式为:

$$U_{\text{rem}}\% = \frac{\sqrt{3}I''X_L}{U_{NL}} \times 100 = \frac{X_L}{U_{NL}/\sqrt{3}I_{NL}} \times 100 \times \frac{I''}{I_{NL}} = (X_L\%) \times \frac{I''}{I_{NL}} \qquad (9.23)$$

为限制短路电流和维持较高的残余电压,应要求电抗器的电抗值大一些,但这样会引起正常时电压损耗过大。因此,电抗器的电抗值不宜选择过大。解决上述矛盾的另一种办法是,采用分裂电抗器代替普通电抗器。

9.6.3 分裂电抗器的主要技术参数

分裂电抗器在结构上与普通电抗器基本相同,不同之处是分裂电抗器绕组有中间抽头,电气符号如图9.7(a)所示,电路图如图9.7(b)所示。分裂电抗器绕组端头为中间抽头,2与3为两臂端头,两臂额定电流相同。产品样本中标明的电抗百分值为每臂的自感电抗百分值分裂电抗器正常运行时,一般将中间抽头1接电源,2与3两臂端头接负荷。当分裂电抗器两臂电流相等时,由于两臂电流方向相反,任一臂中的电流对另一臂所产生的互感电势为负值,这将使每臂电压降减小。因此,正常运行时每臂的电抗(X)为:

$$X = X_L - X_M = (1 - m)X_L$$

式中　X_L——每臂的自感电抗;

X_M——两臂的互感电抗;

m——互感系数,互感系数的大小与电抗器的结构有关,当无厂家资料时取 $m = 0.5$。

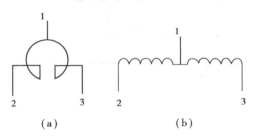

图9.7　分裂电抗器
（a）电气符号图　（b）电路图
1—中间抽头;2,3—两臂端头

正常运行时,分裂电抗器每臂的电抗为:

$$X = (1 - m)X_L = (1 - 0.5)X_L = 0.5X_L$$

显然,正常运行中当两臂电流相等、方向相反时,分裂电抗器每臂的电压损失将减少一半。

当端头3正常、端头2短路时,短路电流由端头1流向端头2。由于端头3的电流远小于端头2的短路电流,因此可忽略端头3的作用。这时影响端头2短路电流的电抗仅为一臂的电抗 X_L,其值较正常运行增大一倍。

从以上分析,可以看出分裂电抗器正常运行时电压损失小,短路时限制短路电流的作用加强。但是,要求正常运行时两臂电流应均衡,当两臂电流不均衡时,引起两臂电压降不同,将对供电造成一定困难。

9.6.4 普通电抗器的选择

（1）按额定电压选择
电抗器的额定电压不小于装设电抗器回路所在电网的额定电压。

（2）按额定电流选择
电抗器的额定电流不小于装设电抗器回路的最大持续工作电流。

（3）确定电抗百分值
确定电抗百分值时,首先按照限制短路电流的要求初步选择电抗百分值,然后进行电压损失和残余电压校验,在满足上述三个条件下最后确定电抗器电抗百分值。

1)选择电抗百分值。选择出线电抗器的百分值($X_L\%$)的原则是,经电抗器限制后的短路电流(一般按I''计)不大于轻型断路器的额定开断电流(即$I_{N0} \geq I''$),如图9.8所示,计算公式如下:

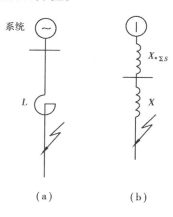

$$I_{N0} \geq I'' = \frac{I_j}{X_{*\Sigma S} + X_{*L}} \qquad (9.24)$$

式中　I_{N0}——电抗器后短路要求限制短路电流的数值;

I''——电抗器后短路时的次暂态短路电流;

$X_{*\Sigma S}$——电源至电抗器之前的电抗标幺基准值;

X_{*L}——电抗器的电抗标幺基准值;

I_j——电流的标幺基准值。

由式(9.21)求出电抗器电抗标幺基准值X_{*L}应满足下式:

图9.8　确定电抗器电抗百分值
(a)电路图　(b)等值电路图

$$X_{*L} \geq \frac{I_j}{I_{N0}} - X_{*\Sigma S} \qquad (9.25)$$

再将电抗器电抗的标幺基准值换算为标幺额定值$X_{*L}\%$应大于或等于下式:

$$X_{*L}\% \geq X_{*L} \times \frac{U_j}{\sqrt{3}I_j} \times \frac{\sqrt{3}I_{NL}}{U_{NL}} \times 100 = X_{*L} \times \frac{U_j I_{NL}}{U_{NL} I_j} \times 100 \qquad (9.26)$$

式中　U_j——选定的基准电压;

U_{NL}——电抗器的额定电压;

I_{NL}——电抗器的额定电流。

根据式(9.25)的计算结果查产品样本初步选定标准电抗器型号,再根据初步选定标准电抗器的型号计算电抗器电抗标幺基准值:

$$X_{*L} = \frac{X_{*L}\%}{100} \times \frac{U_{NL}}{\sqrt{3}I_{NL}} \times \frac{S_j}{U_j^2} \qquad (9.27)$$

然后,按初步确定电抗器型号计算短路电流,根据计算的短路电流进行以下各项目的校验。

为使电抗器的电压损失和残余电压符合要求,一般选择出线电抗器的百分电抗值不大于8%,分段电抗器的百分电抗值不大于10%。

2)校验电压损失。按所选择电抗器的计算电压损失应不大于5%,校验公式见式(9.22);若不合格要重新选择电抗器。

3)校验残余电压损失。按所选择电抗器的计算残压应不小于60%,其校验公式见式(9.23);若不合格要重新选择电抗器。

(4)校验动稳定

电抗器的动稳定电流i_p不小于通过电抗器的最大三相短路冲击电流$i_{im}^{(3)}$。

(5)校验热稳定

电抗器允许的最大短路热效应($I_t^2 \times t$)不小于电抗器实际的最大短路热效应Q_k。

127

例9.2　已知某出线的最大工作电流 $I_{max} = 450$ A，$\cos\varphi = 0.8$。欲在出线上选用 SN10-10 型断路器，其额定开断电流 $I_{N0} = 16$ kA，断路器全部分闸时间 $t_D = 0.1$ s，继电保护动作时间 $t_p = 1.2$ s。电源至该装置 10 kV 母线的电抗 $X_{*\Sigma S} = 0.05$（在 $S_j = 100$ MVA，$U_j = u_p$ 条件下）。试选择引出线电抗器型号。

解　取 $S_j = 100$ MVA、$U_j = 105$ kV，则有 $I_j = S_j/\sqrt{3}U_j = 100/\sqrt{3} \times 10.5 = 5.5$（kA）。

由式（9.25）计算电抗器电抗的标幺基准值 X_{*L}：

$$X_{*L} \geqslant \frac{I_j}{I_{N0}} - X_{*\Sigma S} = \frac{5.5}{16} - 0.05 = 0.294$$

由式（9.26）计算电抗器的百分电抗值：

$$X_{*L}\% \geqslant X_{*L} \times \frac{U_j I_{NL}}{U_{NL} I_j} \times 100 = 0.294 \times \frac{10.5 \times 0.5}{10 \times 5.5} \times 100 = 2.8$$

查设计手册初步选定 NKL-10-500-3 型电抗器，其动稳定电流（i_p）为 23.5 kA，1 s 热稳定电流为 27 kA。

选定 NKL-10-500-3 型电抗器后，由式（9.26）计算电抗器电抗的标幺基准值 X_{*L1}：

$$X_{*L1} = \frac{X_{*L1}\%}{100} \times \frac{U_{NL}}{\sqrt{3}I_{NL}} \times \frac{S_j}{U_j^2} = \frac{3}{100} \times \frac{10}{\sqrt{3} \times 0.5} \times \frac{100}{10.5^2} = 0.314$$

$$X_{*\Sigma 1} = X_{*\Sigma S} + X_{*L1} = 0.05 + 0.314 = 0.364$$

$$I_1'' = \frac{I_j}{X_{*\Sigma}} = \frac{5.5}{0.364} = 15.1 \ (kA)$$

冲击短路电流 $i_{im1}^{(3)} = 2.55 I_1'' = 2.55 \times 15.1 = 38.5$（kA），因 $i_{im1}^{(3)}$ 大于电抗器的动稳定电流，故动稳定不合格。重新选择电抗器为 NKL-10-500-4 型电抗器，其动稳定电流（i_p）为 31.9 kA，1 s 热稳定电流为 27 kA。

选定 NKL-10-500-4 型电抗器后，根据式（9.26）再次计算重新选定电抗器电抗的标幺基准值 X_{*L2} 为：

$$X_{*L2} = \frac{X_{*L2}\%}{100} \times \frac{U_{NL}}{\sqrt{3}I_{NL}} \times \frac{S_j}{U^2} = \frac{4}{100} \times \frac{10}{\sqrt{3} \times 0.5} \times \frac{100}{10.5^2} = 0.419$$

$$X_{*\Sigma 2} = X_{*\Sigma S} + X_{*L2} = 0.05 + 0.149 = 0.469$$

$$I_2'' = \frac{I_j}{X_{*\Sigma}} = \frac{5.5}{0.469} = 11.7 \ (kA)$$

冲击短路电流 $i_{im2}^{(3)} = 2.55 I_2'' = 2.55 \times 11.7 = 29.8$（kA），$i_{im2}^{(3)}$ 小于电抗器的动稳定电流，动稳定合格。

校验电压损失百分值（$\Delta U\%$）为：

$$\Delta U\% = X_{L2}\% \times \frac{I_f}{I_{NL}} \times \sin\varphi = 4 \times \frac{0.45}{0.5} \times 0.6 = 2.16 < 5 \quad （合格）$$

校验残余电压：

$$U_{rem}\% = X_{L2}\% \times \frac{I''}{I_{NL}} = 4 \times \frac{11.7}{0.5} = 93.6 > 80 \quad （合格）$$

短路电流通过时间为：

$$t = t_0 + t_p = 0.1 + 1.2 = 1.3 \ (s)$$

短路热效应：

$$Q_k = I'' \times t = 11.7^2 \times 1.3 = 178 \ (kA^2 \cdot s)$$

电抗器允许的最大短路热效应：

$$Q_{p1} = I_1^2 \times 1 = 27^2 \times 1 = 729 \ (kA^2 \cdot s)$$

因 $Q_k < Q_{p1}$，热稳定合格。

根据以上计算，该电抗器符合限制短路电流的要求且符合选择电抗器的全部条件，故最终选定 NKL-10-500-4 型电抗器。

9.7 互感器的选择

9.7.1 电流互感器的选择

（1）型式的选择

根据电流互感器安装的场所和使用条件，选择电流互感器的绝缘结构（浇注式、瓷绝缘、油浸式等）、安装方式（户内、户外、装入式、穿墙式等）、结构型式（多匝式、单匝式、母线式）等。一般 6～20 kV 户内配电装置中的电流互感器多采用户内式瓷绝缘或树脂浇注绝缘结构；6～20 kV 户内配电装置中额定电流大于 2 000 A 的电流互感器多采用母线式；35 kV 及其以上的电流互感器多采用油浸式或油浸瓷箱式瓷绝缘结构。

（2）按额定电压选择

电流互感器的额定电压不小于装设电流互感器回路所在电网的额定电压。

（3）按额定电流选择

电流互感器的一次额定电流不小于装设回路的最大持续工作电流。电流互感器的二次额定电流，可根据二次负荷的要求分别选择 5 A、1 A 或 0.5 A。

（4）按准确度级选择

电流互感器的准确度级应符合其二次测量仪表的要求。

（5）校验二次负荷

电流互感器的准确度与二次负荷有关，为保证电流互感器工作时的准确度符合要求，校验电流互感器的二次负荷不超过（某准确度下）允许的最大负荷。

电流互感器（测量用）的二次负荷包括二次测量仪表、二次电缆和接触电阻等几部分的电阻。当电流互感器的二次负荷不平衡时，应按最大一相的二次负荷校验。

校验二次负荷的公式：

按容量校验：

$$S_2 \leq S_{N2}$$

按阻抗校验：

$$Z_2 \leq Z_{N2} \tag{9.28}$$

式中　S_2——电流互感器二次的最大一相负荷，VA；

　　　S_{N2}——电流互感器的二次额定负荷，VA；

　　　Z_2——电流互感器二次的最大一相负荷，Ω；

Z_{N2}——电流互感器的额定二次负荷,Ω。

计算电流互感器二次的最大一相负荷时,通常略去阻抗中的电抗,只计其电阻。电流互感器二次的最大一相负荷可用下式表示:

$$Z_2 = r_y + r_{j0} + r \qquad (9.29)$$

式中　r_y——测量仪表电流线圈的电阻,Ω;

r_{j0}——二次电缆及导线的电阻,Ω;

r——连接导线的接触电阻,一般取 $0.1\ \Omega$。

分析式(9.28)、式(9.29)可以看出,为满足二次负荷的要求应计算出恰当的二次电缆及导线的电阻(或截面),其计算公式为:

$$r_{j0} \leqslant Z_{N2} - (r_y + r)$$

或

$$r_{j0} \leqslant \frac{S_{N2} - I_{N2}^2(r_y + r)}{I_{N2}^2} \qquad (9.30)$$

因 $r_{j0} = \rho L/S_{j0}$,根据式(9.30),二次电缆截面(S_{j0})的计算公式为:

$$S_{j0} \geqslant \frac{\rho L_j}{Z_{N2} - (r_y + r)} \times 10^6\ (\text{mm}^2) \qquad (9.31)$$

式中　ρ——导线的电阻率,铜导线为 $1.75 \times 10^{-8}\ \Omega \cdot \text{m}$;

L_j——连接导线的计算长度,m。

连接导线的计算长度 L_j 与电流互感器至仪表端子之间实际距离 L_1 以及电流互感器的接线方式有关。当只有一只电流互感器时,因往返导线中的电流相等,故取 $L_j = 2L_1$;当三只电流互感器采用星形接线时,因中线中无电流,故取 $L_j = L_1$;当两只电流互感器采用不完全星形时,因公共线中的电流 $-\dot{I}_B$ 与 $\dot{I}_A$、$\dot{I}_C$ 相电流相位相差为 $60°$,故取 $L_j = \sqrt{3}L_1$。

在发电厂或变电所中,互感器用连接导线应采用钢芯控制电缆,根据机械强度要求,导线截面积不得小于 $1.5\ \text{mm}^2$。

(6)校验热稳定

电流互感器的热稳定能力用热稳定倍数 K_h 表示,热稳定倍数 K_h 等于互感器 1 s 热稳定电流与一次额定电流 I_{N1} 之比,故热稳定条件为:

$$(K_h I_{N1})^2 \times t \geqslant Q_k \qquad (9.32)$$

式中　Q_k——短路热效应;

t——短路电流持续时间,$t = 1$ s。

(7)校验动稳定

电流互感器的内部动稳定能力用动稳定倍数 K_m 表示,动稳定倍数 K_m 等于互感器内部允许通过的极限电流(峰值)与 $\sqrt{2}$ 倍一次额定电流(I_{N1})之比。故互感器内部动稳定条件为:

$$(K_m \times \sqrt{2} \times I_{N1}) \geqslant i_{im}^{(3)} \qquad (9.33)$$

此外,还应校验电流互感器外部动稳定(即一次侧瓷绝缘端部受电动力的机械动稳定)。电流互感器外部动稳定条件为:

$$F_f \geqslant F_{max} \qquad (9.34)$$

式中　F_f——电流互感器一次测端部允许作用力;

F_{max}——电流互感器一次侧瓷绝缘端部所受最大电动力。

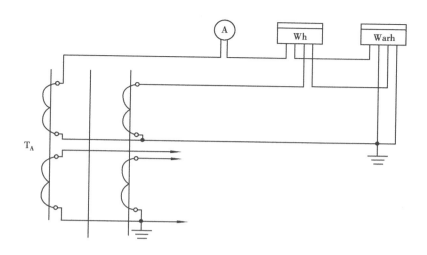

图 9.9　例 9.3 电路图

例 9.3　试选择图 9.9 所示电路中 10 kV 线路用电流互感器。已知条件:线路最大工作电流为 390 A;电流表为 1T1-A 型,消耗功率为 3 VA;有功电能表为 DS1 型,电流线圈消耗功率为 0.5 VA;功电能表为 DX1 型,电流线圈消耗功率为 0.5 VA;电流互感器至仪表间距离为 20 m;母线相间距离为 0.4 m;互感器端部与最近支持绝缘子间距离为 0.8 m;互感器二次额定电流为 5 A;该支路通过的最大短路电流为 $I'' = I_{1.5} = I_3 = 17$ kA;短路电流通过时间为 3 s。

解　根据已知条件,初步选定 LFC-10-00-0.5/3 型互感器,其主要参数如下:额定电压 10 kV,额定电流 400 A,额定变比 400/5,0.5 级二次额定负荷 0.6 Ω,1 s 热稳定倍数 $K_h = 75$,动稳定倍数 $K_m = 165$,瓷帽端部允许最大作用力 $F_f = 763$ N。

从图 9.9 可以看出,A 相负荷最大。1T1-A 型电流表电阻为 $r_2 = S_1/I_{N2}^2 = 3/5^2 = 0.12$ (Ω),DS1 型有功电能表电阻为 $r_2 = S_1/I_{N2}^2 = 0.5/5^2 = 0.02$ (Ω),DX1 型无功电能表电阻为 $r_3 = 0.02$ (Ω),A 相仪表线圈总电阻 $r_y = r_1 + r_2 + r_3 = 0.12 + 0.02 + 0.02 = 0.16$ (Ω)。

互感器允许二次导线电阻为:$r_{j0} = Z_{N2} - r_y - r = 0.6 - 0.16 - 0.1 = 0.34$ (Ω)。由于采用不完全星形接线,故计算长度 $L_j = \sqrt{3} \times L_1 = \sqrt{3} \times 20 = 34.6$ (m),所以二次电缆截面积为:

$$S_{j0} \geqslant \frac{\rho L_j}{r_{j0}} \times 10^6 = \frac{1.75 \times 10^{-8} \times 34.6}{0.34} \times 10^6 = 1.78 \ (\text{mm}^2)$$

选用标准截面积为 2.5 mm² 的铜导线。

校验热稳定:

短路热效应:

$$Q_k = I^2 \times t = 17^2 \times 3 = 867 \ (\text{kA}^2 \cdot \text{s})$$
$$(K_h I_{N1})^2 \times t = (75 \times 0.4)^2 \times 1 = 900 \ (\text{kA}^2 \cdot \text{s})$$
$$(K_h I_{N1})^2 \times t > 867 \ (\text{kA}^2 \cdot \text{s})$$

热稳定合格。

校验内部动稳定:

该支路通过的最大冲击短路电流为:

$$i_{im} = 2.55 \times I'' = 2.55 \times 17 = 43.4 \ (\text{kA})$$

$$K_{\mathrm{m}} \sqrt{2} I_{\mathrm{N1}} = 165 \times \sqrt{2} \times 0.4 = 93.3 \ (\mathrm{kA})$$

互感器内部允许通过的极限电流(峰值)大于该支路通过的最大冲击短路电流,内部动稳定合格。

校验外部动稳定:

$$F_{\max} = \left(1.73 \times i_{\mathrm{im}}^2 \times \frac{L}{a} \times 10^{-7}\right)/2 = \left(1.73 \times 43\,400^2 \times \frac{0.8}{0.4} \times 10^{-7}\right)/2 = 332 \ (\mathrm{N})$$

电流互感器一次侧瓷绝缘端部所受最大电动力小于电流互感器一次侧瓷绝缘端部所允许的最大电动力,故外部动稳定合格。

选择项目全部合格,故选用 LFC-10-400-0.5/3 型电流互感器。

9.7.2　电压互感器的选择

(1)型式的选择

根据电压互感器安装的场所和使用的条件选择电压互感器的绝缘结构和安装方式。一般 6~20 kV 户内配电装置中多采用油浸或树脂浇注绝缘的电磁式电压互感器;35 kV 配电装置中宜选用电磁式电压互感器;110 kV 及以上的配电装置中尽可能选用电容式电压互感器。

在选择型式时,还应根据接线和用途的不同,确定单相式、三相式、三相五柱式、一个或多个副绕组等不同型式的电压互感器。

(2)按额定电压选择

为保证测量的准确性,电压互感器一次额定电压应在所安装电网额定电压的 90% ~ 110% 之间。

电压互感器二次额定电压应满足测量、继电保护和自动装置的要求。通常,一次绕组接于电网线电压时,二次绕组额定电压选为 100 V;一次绕组接于电网相电压时,二次绕组额定电压选为 $100/\sqrt{3}$ V。当电网为中性点直接接地系统时,互感器辅助副绕组额定电压选为 100 V;当电网为中性点非直接接地系统时,互感器辅助副绕组额定电压选为 100/3 V。

(3)按容量和准确度级选择

电压互感器按容量和准确度级选择的原则与电流互感器的选择相似,要求互感器二次最大一相的负荷 S_2 不超过设计要求准确度级的额定二次负荷 S_{N2},而且 S_2 应该尽量接近 S_{N2},因 S_2 过小也会使误差增大。

电压互感器的二次负荷 S_2 可按下式计算:

$$S_2 = \sqrt{\left(\sum S_0 \cos\varphi\right)^2 + \left(\sum S_0 \sin\varphi\right)^2} = \sqrt{\left(\sum P_0\right)^2 + \left(\sum Q_0\right)^2} \qquad (9.35)$$

式中　S_0、P_0、Q_0——同一相仪表和继电器电压线圈的视在功率、有功功率、无功功率;

　　　　$\cos\varphi$——同一相仪表和继电器电压线圈的功率因数。

统计电压互感器二次负荷时,首先应根据仪表和继电器电压线圈的要求,确定电压互感器的接线,并尽可能将负荷分配均匀。然后计算各相负荷,取其最大一相负荷与互感器的额定容量比较。在计算各相负荷时,要注意互感器与负荷的接线方式。当互感器接线与负荷接线不一致时(见图 9.10),计算如下。

当电压互感器绕组三相星形接线负荷为 V 形接线时,已知每相负荷的总伏安数和功率因数,互感器每相二次绕组所供功率为:

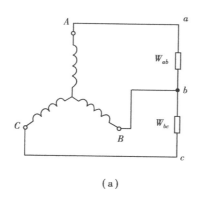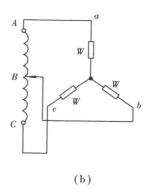

（a）　　　　　　　　　　　　　　　　（b）

图 9.10　计算电压互感器负荷接线用电路

（a）互感器绕组三相星形接线,负荷为 V 形接线

（b）互感器绕组 V 形接线,负荷为三相星形接线

A 相有功功率　　$P_A = \dfrac{1}{\sqrt{3}}S_{ab}\cos(\varphi_{ab} - 30°)$

A 相无功功率　　$Q_A = \dfrac{1}{\sqrt{3}}S_{ab}\sin(\varphi_{ab} - 30°)$

B 相有功功率　　$P_B = \dfrac{1}{\sqrt{3}}[S_{ab}\cos(\varphi_{ab} + 30°) + S_{ab}\cos(\varphi_{bc} - 30°)]$

B 相无功功率　　$Q_B = \dfrac{1}{\sqrt{3}}[S_{ab}\sin(\varphi_{ab} + 30°) + S_{bc}\sin(\varphi_{bc} - 30°)]$ 　　　（9.36）

C 相有功功率　　$P_C = \dfrac{1}{\sqrt{3}}S_{bc}\cos(\varphi_{bc} + 30°)$

C 相无功功率　　$Q_C = \dfrac{1}{\sqrt{3}}S_{bc}\sin(\varphi_{bc} + 30°)$

当电压互感器绕组 V 形接线、负荷为三相星形接线时,已知每相负荷为 S,总功率因数为 $\cos\varphi$,互感器每相二次绕组所供功率为:

AB 相有功功率　　　　　　　　$P_{AB} = \sqrt{3}S\cos(\varphi + 30°)$

AB 相无功功率　　　　　　　　$Q_{AB} = \sqrt{3}S\sin(\varphi + 30°)$

BC 相有功功率　　　　　　　　$P_{BC} = \sqrt{3}S\cos(\varphi - 30°)$ 　　　（9.37）

BC 相无功功率　　　　　　　　$Q_{BC} = \sqrt{3}S\sin(\varphi - 30°)$

电压互感器不校验动稳定和热稳定。

例 9.4　试选择图 9.11 中 10 kV 母线用电压互感器。已知电压互感器所接仪表如下: DS1 型有功功率表 1 只(每个电压线圈消耗功率为 0.6 VA);DX1 型无功功率表 1 只(每个电压线圈消耗功率为 0.6 VA);DS1 型有功电能表 6 只(每个电压线圈消耗功率为 l.5 VA);DX1 型无功电能表 2 只(每个电压线圈消耗功率为 1.5 VA);16L1-Hz 频率表 1 只(电压线圈消耗功率为 0.5 VA);1 只母线电压表和 3 只绝缘监察用电压表(每个电压线圈消耗功率为 0.2 VA)。

解 根据已知条件,初步选定 JSJW-10 型电压互感器,其主要参数:额定电压 10 kV,额定变比$\frac{10}{\sqrt{3}}\Big/\frac{0.1}{\sqrt{3}}\Big/\frac{0.1}{3}$kV,0.5 级二次额定容量为 120 VA。

根据图9.11所示接线将互感器二次负荷列于表9.5中。

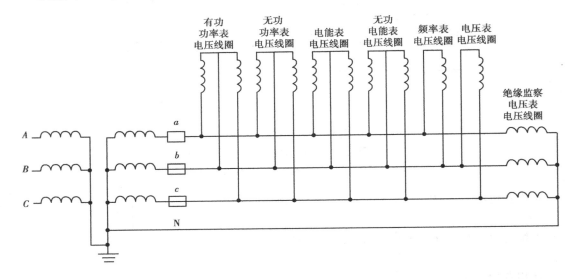

图9.11 例9.4 接线图

表9.5 电压互感器二次负荷统计

仪表名称	每个线圈消耗功率/VA	仪表线圈		仪表数	互感器二次负荷						
		$\cos\varphi$	$\sin\varphi$		A 相 P_a	B 相 P_b	C 相 P_c	AB 相		BC 相	
								P_{ab}	Q_{ab}	P_{bc}	Q_{bc}
有功功率表	0.6	1		1				0.6		0.6	
无功功率表	0.6	1		1				0.6		0.6	
有功电能表	1.5	0.38	0.925	6				3.42	8.33	3.42	8.33
无功电能表	1.5	0.38	0.925	2				1.14	2.78	1.14	2.78
频率表	0.5	1		1				0.5			
电压表	0.2	1		4	0.2	0.2	0.2			0.2	
合计					0.2	0.2	0.2	6.26	11.1	5.96	11.1

根据表9.5和式(9.35)求得互感器不完全星形负荷:

$$S_{ab} = \sqrt{P_{ab}^2 + Q_{ab}^2} = \sqrt{6.26^2 + 11.1^2} = 12.74 \text{ (VA)}$$

$$S_{BC} = \sqrt{P_{bc}^2 + Q_{bc}^2} = \sqrt{5.96^2 + 11.1^2} = 12.6 \text{ (VA)}$$

$$\cos\varphi_{ab} = P_{ab}/S_{ab} = 6.26/12.74 = 0.49, \varphi_{ab} = 60.7°$$

$$\cos\varphi_{bc} = P_{bc}/S_{bc} = 5.96/12.6 = 0.47, \varphi_{bc} = 61.8°$$

电压互感器 A 相负荷应等于由式(9.36)计算的负荷再加上绝缘监察电压表所消耗的

功率：

$$P_A = \frac{1}{\sqrt{3}} S_{ab} \cos(\varphi_{ab} - 30°) + P_a = \frac{1}{\sqrt{3}} \times 12.74 \cos(60.7° - 30°) + 0.2 = 6.52 \ (\text{W})$$

$$Q_A = \frac{1}{\sqrt{3}} S_{ab} \sin(\varphi_{ab} - 30°) + Q_a = \frac{1}{\sqrt{3}} \times 12.6 \sin(60.7° - 30°) + 0 = 3.71 \ (\text{var})$$

同理，电压互感器 B 相负荷为：

$$P_B = \frac{1}{\sqrt{3}} [S_{ab} \cos(\varphi_{ab} + 30°) + S_{ab} \cos(\varphi_{bc} - 30°)]$$

$$= \frac{1}{\sqrt{3}} [12.74 \cos(60.7 + 30°) + 12.6 \cos(60.7 - 30°)] = 10.68 \ (\text{W})$$

$$Q_B = \frac{1}{\sqrt{3}} [S_{ab} \sin(\varphi_{ab} + 30°) + S_{bc} \sin(\varphi_{bc} - 30°)]$$

$$= \frac{1}{\sqrt{3}} [12.74 \sin(60.7 + 30°) + 31.54 \sin(60.7 - 30°)] = 11.07 \ (\text{var})$$

显然，B 相负荷最大，应按 B 相负荷检验二次负荷。B 相负荷：

$$S_b = \sqrt{P_b^2 + Q_b^2} = \sqrt{10.68^2 + 11.07^2}$$
$$= 15.38 \ (\text{VA}) < 120/3 \ \text{VA} = 40 \ \text{VA} \quad (\text{符合要求})$$

经校验合格，选用 JSJW-10 $-\dfrac{10}{\sqrt{3}} \Big/ \dfrac{0.1}{\sqrt{3}} \Big/ \dfrac{0.1}{3}$ 型电压互感器。

思 考 题

1. 短路电流通过电气设备或载流导体时，会有哪些危害？

2. 三相平行导体在通过短路电流时，为什么要计算三相短路时的最大电动力？三相短路时哪相所承受的电动力最大？最大电动力如何计算？

3. 载流导体长期发热和短路时发热各有什么特点？铜、铝母线各自长期发热和短路时发热的允许温度为多少？

4. 导体通过短路电流时，其最高温度如何计算？

5. 选择电气设备的一般条件是什么？

6. 选择矩形母线的条件是什么？

7. 什么是母线的最大允许跨距？应如何计算？

8. 什么是母线的最小允许截面？应如何计算？

9. 选择支持绝缘子的条件是什么？

10. 如何选择高压断路器？如何选择隔离开关？

11. 选择电抗器的条件是什么？

12. 选择电流互感器的条件是什么？

13. 选择电压互感器的条件是什么？

14. 某 35 kV 配电装置中，三相母线垂直布置。已知该装置中的一条支路的最大工作电

流 $I_{max} = 600$ A,母线相间距离 $a = 0.5$ m,同相绝缘子间距离 $L = 1.2$ m;该支路通过的最大短路电流为:$I''^{(3)} = 30$ kA,$I_{0.4}^{(3)} = 28$ kA,$I_{0.8}^{(3)} = 26$ kA,短路电流持续时间 $t = 0.8$ s,环境温度 $\theta = 25$ ℃。试求:

(1)该支路选用矩形铜母线 50 mm×4 mm 时,母线的最大应力和短路后最高温度为多少?

(2)该支路选用单条矩形铝质母线时,其截面积为多少?

(3)选择该支路所用支持绝缘子的型号。

(4)选择该支路所用高压断路器和隔离开关的型号。

15. 已知变电站某条出线的最大工作电流 $I_{max} = 550$ A,$\cos\varphi = 0.8$。若限制该出线上的短路电流不大于 15 kA,断路器全部分闸时间 $t_D = 0.1$ s,继电保护动作时间 $t_p = 1.5$ s。电源至装置 10 kV 母线的电抗 $X_{*\Sigma s} = 0.05(S_j = 100$ MVA,$U_j = U_p)$。试选择该支路所用限流电抗器的型号。

16. 试选择图 9.12 所示电路中 10 kV 支路用电流互感器。已知条件:线路最大工作电流为 390 A;电流表为 1T1-A 型,消耗功率为 3 VA;有功电能表为 DS1 型,电流线圈消耗功率为 0.5 VA;无功电能表为 DX1 型,电流线圈消耗功率为 0.5 VA;有功功率表为 DS1-W 型,电流线圈消耗功率为 0.5 VA;无功功率表为 DX1 型,电流线圈消耗功率为 1.5 VA;电流互感器至仪表间距离为 10 m;母线相间距离为 0.4 m;互感器端部与最近支持绝缘子间距离为 0.8 m;互感器二次额定电流为 5 A;该支路通过的最大短路电流为 $I'' = I_1 = I_2 = 15$ kA;短路电流通过时间为 2 s。

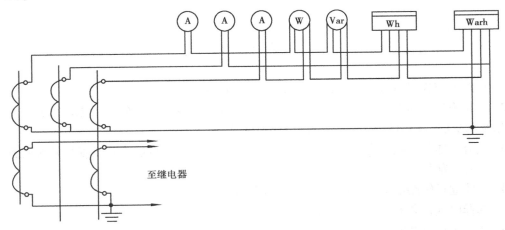

图 9.12 题 16 电路图

17. 试选择图 9.13 中 10 kV 母线用电压互感器。已知电压互感器所接仪表如下:DS1 型有功功率表 4 只(每个电压线圈消耗功率为 0.6 VA);DX1 型无功功率表 2 只(每个电压线圈消耗功率为 0.5 VA);DS1 型有功电能表 4 只(每个电压线圈消耗功率为 6.84 VA);DX1 型无功电能表 4 只(每个电压线圈消耗功率为 4.56 VA);16L1-Hz 频率表 1 只(电压线圈消耗功率为 0.5 VA);16L1-V 电压表 1 只(电压线圈消耗功率 0.2 VA)。

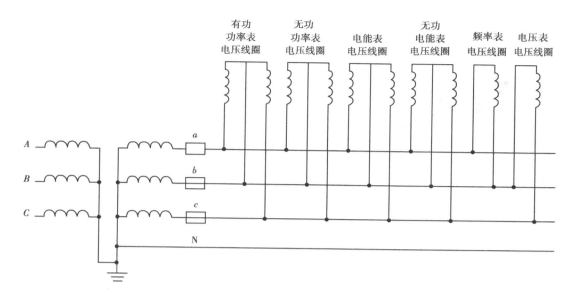

图 9.13　题 17 电路图

第 **10** 章
配电装置

10.1 概 述

根据发电厂或变电所电气主接线中的各种电气设备、载流导体及其部分辅助设备的安装要求,将这些设备按照一定方式建造、安装而成的电工建筑物,通常称为配电装置。配电装置是电气主接线的实际布置与体现。配电装置的类型很多,随着国民经济的发展和电力工业技术水平的提高,配电装置的结构日趋完善合理。

10.1.1 配电装置的分类

配电装置按其电气设备的安装场所,可分为屋内配电装置和屋外配电装置;配电装置按其电气设备的安装方式,可分为装配式配电装置和成套配电装置。

屋内配电装置是将电气设备安装在屋内。屋内配电装置具有占地面积小、操作方便、运行条件较好、电气设备受环境污染和气候变化影响小等优点。但是,它需要建造专用的房屋,土建工程量大,投资较多。

屋外配电装置是将电气设备安装在屋外。屋外配电装置具有土建工程量小、投资较少、建造工期短等优点。但是,它具有占地面积较大、操作不方便和维护条件较差、电气设备容易受环境污染与气候变化的影响大等缺点。

装配式配电装置是在配电装置的土建工程基本完工后,将电气设备逐件地安装在配电装置之中。装配式配电装置具有建造安装灵活、投资较少、金属消耗量少等优点。但是,安装工作量大,施工工期较长。

成套配电装置一般指在制造厂根据电气主接线的要求,由制造厂按分盘形式制造成独立的开关柜(或盘),运抵现场后只需进行开关柜(或盘)的安装固定、调整与母线的连接等项工作,便可建成配电装置。成套配电装置具有结构紧凑、可靠性高、占地面积小、建造工期短等优点。但是,它的造价较高、钢材消耗量较大。

选择配电装置的类型,应考虑它在电力系统中地位、作用、地理情况及环境条件等因素,要因地制宜、尽量节约用地,并且结合便于安装、维护、检修和操作等要求,通过技术经济比较后确定。

在一般情况下:35 kV 及以下配电装置宜采用屋内式。

110 kV 及以上配电装置,在地震基本烈度为 8 度及以上地区或土地贫瘠地区,可采用屋外式中型;有条件时配电装置可采用屋外式半高型或高型;在大城市中心或场地特别狭窄的地区、污染特别严重的沿海地区、高海拔地区、历年最低气温在 -40 ℃ 以下对断路器有特殊要求的地区的配电装置,经技术经济论证,也可采用屋内式或 SF_6 全封闭组合电器。

330 ~ 500 kV 配电装置,在大气严重污染地区或场地受限制时,可以采用 SF_6 全封闭组合电器。

10.1.2　对配电装置的基本要求

配电装置的设计必须认真贯彻国家的技术经济政策,遵循有关的规程、规范和技术规定,结合电力系统的条件和自然环境特点,考虑运行、检修、施工等方面的要求,积极慎重地采用新设备、新材料、新布置、新结构,合理地选用设备,使配电装置符合技术先进、运行可靠、维护方便、经济合理的要求。

配电装置必须满足以下要求:

1)配电装置的设计、建造和安装应认真贯彻国家的技术经济政策,遵循有关的规程、规范和技术规定;

2)根据配电装置在电力系统中的地位、作用和地理环境等条件,合理地选择配电装置的形式,确保安全可靠地运行;

3)便于安装、维护、检修和操作;

4)在保证满足上述各项要求的条件下,应尽量少占地,节约三材(钢材、木材和水泥),减少投资;

5)根据电力系统、发电厂和变电所的需要,有扩建的可能。

10.1.3　配电装置的安全净距

配电装置的整体结构尺寸和设备安装位置,是综合考虑了设备外形尺寸、运行安全、检修维护和搬运设备、绝缘距离等多种因素而确定的。在配电装置的间隔距离中,最基本的距离是空气中的(最小)安全距离,即 GB 50060—92《3 ~ 110 kV 高压配电装置设计规范》中所规定的安全净距。安全净距表示在此距离下,配电装置处于最高工作电压或内部过电压时,其空气间隙均不会被击穿的最小距离。

屋外、屋内配电装置的安全净距如表 10.1 和表 10.2 所示,其中各种安全净距值的检验图如图 10.1 ~ 图 10.5 所示。高压配电装置的安全距离是设计的重要依据,设计配电装置的带电部分之间、带电部分与地或者通道路面之间的距离,均应不小于规范中所规定的安全净距,并留有足够的裕度,以保证安全可靠地运行。

表 10.1 屋外配电装置的安全净距/mm

符号	适用范围	额定电压/kV							
		3~10	15~20	35	110 J	110	220 J	330 J	500 J
A_1	(1)带电部分至接地部分之间; (2)网状遮栏向上延伸线距离地2.5 m处与遮栏上方带电部分之间。	200	300	400	900	1 000	1 800	2 500	3 800
A_2	(1)不同相的带电部分之间; (2)断路器和隔离开关的断口两侧引线带电部分之间。	200	300	400	1 000	1 100	2 000	2 800	4 300
B_1	(1)设备运输时,其外廓至无遮拦带电部分之间; (2)交叉的不同时停电检修的无遮拦带电部分之间; (3)栅状遮栏至绝缘体和带电部分之间; (4)带电作业时的带电部分至接地部分之间。	950	1 050	1 150	1 650	1 750	2 550	3 250	4 550
B_2	网状遮栏至带电部分之间。	300	400	500	1 000	1 100	1 900	2 600	3 900
C	(1)无遮栏裸导体带电部分至地面之间; (2)无遮栏裸导体至建筑物、构筑物顶部之间。	2 700	2 800	2 900	3 400	3 500	4 300	5 000	7 500
D	(1)平行的不同时停电检修的无遮栏带电部分之间; (2)带电部分与建筑物、构筑物的边沿部分之间。	2 200	2 300	2 400	2 900	3 000	3 800	4 500	5 800

注:1. 110 J、220 J、330 J 和 500 J 系指中性点直接接地系统。

2. 带电作业时,不同相或交叉的不同回路带电部分之间的 B 值可取 A_2 + 750 mm。

3. 本表所列各值不适用于制造厂生产的成套配电装置。

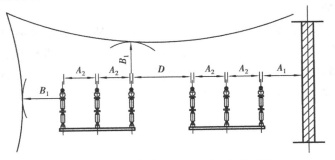

图 10.1 屋外配电装置 A_1、A_2、B_1、D 值校验图

表 10.2　屋内配电装置的安全净距/mm

符号	适用范围	额 定 电 压/kV									
		3	6	10	15	20	35	60	110 J	110	220 J
A_1	（1）带电部分至接地部分之间； （2）网状和板状遮栏向上延伸线距离地 2.3 m 处。与遮栏上方带电部分之间。	75	100	125	150	180	300	550	850	950	1 800
A_2	（1）不同相的带电部分之间； （2）断路器和隔离开关的断口两侧引线带电部分之间。	75	100	125	150	180	300	550	900	1 000	2 000
B_1	（1）栅状遮栏至带电部分之间； （2）交叉的不同时停电检修的无遮栏带电部分之间。	825	850	875	900	930	1 050	1 300	1 600	1 700	2 550
B_2	网状遮栏至带电部分之间。	175	200	225	250	280	400	650	950	1 050	1 900
C	无遮栏裸导体带电部分至地（楼）面之间。	2 500	2 500	2 500	2 500	2 500	2 600	2 850	3 150	3 250	4 100
D	平行的不同时停电检修的无遮栏带电部分之间。	1 875	1 900	1 925	1 950	1 980	2 100	2 350	2 650	2 750	3 600
E	通向屋外的出线套管至屋外通道的路。	4 000	4 000	4 000	4 000	4 000	4 000	4 500	5 000	5 000	5 500

注:1. 110 J、220 J 系指中性点直接接地系统。

　2. 当遮栏为板状时，其 B_2 值可取为 A_1 + 30 mm。

　3. 通向屋外配电装置的出线套管外侧为屋外配电装置时，其至屋外地面的距离,不应小于表 10.1 所列屋外部分 C 值。

　4. 屋内电气设备外绝缘体最低部位距地距离小于 2.3 m 时,应装设固定遮栏。

　5. 本表所列各值不适用于制造厂生产的成套配电装置。

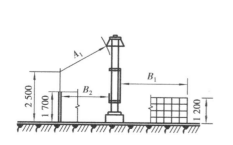 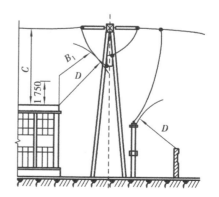

图 10.2　屋外配电装置 A_1、A_2、B_1、B_2、C、D 值校验图

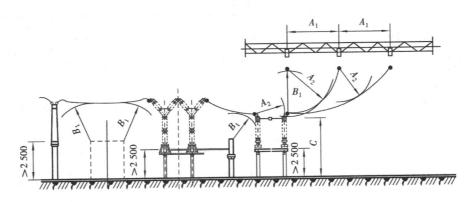

图 10.3　屋外配电装置 A_1、A_2、B_1、C 值校验图

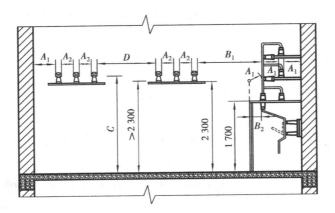

图 10.4　屋内配电装置 A_1、A_2、B_1、B_2、C 值校验图

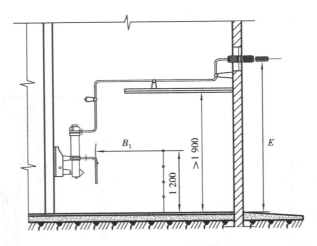

图 10.5　屋外配电装置 B_1、E 值校验图

10.2　屋内配电装置

10.2.1　屋内配电装置类型

屋内配电装置的结构主要取决于电气主接线、电压等级和电气设备的型式等因素。经过多年工程实践,我国已逐步形成了一系列的典型屋内配电装置设计方案。

发电厂和变电所的屋内配电装置,按其布置形式可分为单层式、双层式和三层式等几种类型。单层式配电装置是把所有的电气设备布置在一层建筑物的房屋内,适用于单母线和双母线接线、无出线电抗器的小型发电厂或各种变电所。近年来,35～110 kV 屋内配电装置采用单层式屋内配电装置日益增多。双层式配电装置是把母线和母线隔离开关布置在配电装置二层,将断路器、限流电抗器、电压互感器和出线隔离开关等设备布置在配电装置一层。双层式配电装置具有占地较少、运行与检修较方便、综合造价较低等特点,适用于单母线和双母线接线、有出线电抗器的小型发电厂或各种变电所。三层式屋内配电装置与双层式屋内配电装置相比,具有土建结构复杂、建筑、安装的施工量大、造价较高、巡视时间长、操作不方便等缺点,近年新设计的屋内配电装置很少采用三层式。

10.2.2　屋内配电装置的一般问题

(1)母线与母线隔离开关

母线一般布置在配电装置上部,母线布置形式有水平、垂直和三角形 3 种。母线水平布置可以降低配电装置高度,便于安装,通常在中小型发电厂或变电所中采用。母线垂直布置时,母线间一般用隔板隔开,其结构复杂,且增加配电装置的高度,它一般适用于短路电流较大的中型发电厂或变电所。母线三角形布置适用于 10～35 kV 大、中容量的配电装置中。

配电装置中两组母线之间应设隔板,以保证有一组母线故障或检修时不影响另一组母线工作。同一支路母线的相间距离应尽量保持不变,以便于安装。为避免温度变化引起硬母线产生危险应力,当母线较长时应安装母线伸缩节,一般铝母线长度为 20～30 m 设一个伸缩节;铜母线 30～50 m 设一个伸缩节。

母线隔离开关一般安装在母线下方,母线与母线隔离开关之间应设耐热隔板,以防母线隔离开关短路时引起母线故障。

(2)断路器与互感器

断路器与油浸电压互感器的布置,应考虑防火防爆要求。一般 35 kV 及以下断路器和油浸互感器,宜安装在开关柜内或用隔板(混凝土墙或砖墙)隔开的单独小间内;35 kV 以上屋内断路器与油浸互感器同样应安装在用隔板隔开的单独小间内。

电压互感器与避雷器可共用一个间隔,两者之间应采用隔板隔开。电流互感器应尽量作为穿墙套管使用,以减少配电装置的体积与造价。

断路器操动机构与断路器之间应使用隔板隔开,其操动机构布置在操作通道内。

(3)限流电抗器

限流电抗器因其质量大,一般布置在配电装置第一层的电抗器小室内。电抗器室的高度应考虑电抗器吊装要求,并具备良好的通风散热条件。由于 *B* 相电抗器绕组绕线方向与 *A*、*C* 两相电抗器绕组绕线方向相反,为保证电抗器动稳定,在采用垂直或品字形布置时,只能采用 *AB* 或 *BC* 两相电抗器上下相邻叠装,而不允许 *AC* 两相电抗器上下相邻叠装在一起。为减少磁滞与涡流损失,不允许将固定电抗器的支持绝缘子基础上的铁件及其接地线等构成闭合环形连接。

(4) 其他

配电装置的通道可分为维护通道、操作通道和防爆通道 3 种。用于维护和搬运设备的通道称为维护通道,其最小宽度应比最大搬运设备大 0.4 ~ 0.5 m。装有断路器和隔离开关操动机构的通道称为操作通道,操作通道的最小宽度为 1.5 ~ 2.0 m。通往防爆间隔的通道称为防爆通道,防爆通道的最小宽度为 1.2 m。

为保证工作人员的安全与工作方便,屋内配电装置可以设置多个出口。当配电装置长度在 7 m 以内时,允许只有 1 个出口;当配电装置长度大于 7 m 时,至少应有 2 个出口,且每两个出口之间距离不超过 60 m。屋内配电装置的门应向外开,并装有弹簧锁。

10.2.3　屋内配电装置实例

单层式屋内配电装置:

6 ~ 10 kV 不带出线电抗器的屋内配电装置一般采用成套配电装置。图 10.6 为采用 GSG-1A 型固定式开关柜,双母线双列布置的单层式屋内配电装置断面图。电源采用架空线方式接入,配电线路采用电缆馈线,电缆由电缆沟中引出。

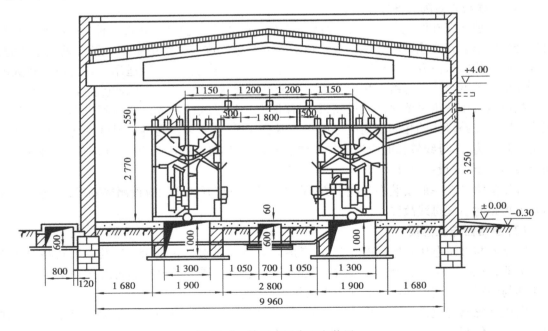

图 10.6　单层式屋内配电装置

10.3　屋外配电装置

10.3.1　屋外配电装置的类型

根据电气设备和母线布置特点,屋外配电装置一般可分为中型、半高型和高型 3 种类型。

中型配电装置是将所有电气设备都安装在地平面的基础之上或者设备的支架上,各种电器设备基本上布置在同一水平面上。中型配电装置又可分为普通中型和分相中型 2 种。普通中型配电装置的母线下方不安装布置任何电气设备,分相中型配电装置的母线下方将安装布置母线隔离开关。普通中型配电装置的母线布置在较其他电气设备高一些的水平位置上,由于母线与各种电气设备之间无上下重叠布置,因此安装、维护和运行等方面都比较方便,并具有较高的可靠性。普通中型配电装置在我国虽然已有 30 多年的运行历史,积累了较丰富的经验,但是因其占地面积过大,逐渐被分相中型等配电装置代替。分相中型配电装置具有节约用地、简化架构、节省三材等优点,其使用范围正逐渐扩大。

半高型配电装置是将母线及母线隔离开关的安装位置抬高,使断路器、电流互感器等设备布置在母线下面,构成母线与断路器、电压互感器等设备的重叠布置。半高型配电装置,具有布置紧凑、接线清晰、占地少、钢材消耗量与普通中型配电装置相近等特点。半高型配电装置中的各种电气设备上方除安装母线之外,其余设备的布置情况均与中型配电装置相似,故能适应运行、检修人员的习惯与需要。因此,半高型配电装置自 20 世纪 60 年代开始出现以来,各项工程中采用了多种布置方式,使半高型配电装置的设计日趋完善,并具备了一定的运行经验。因此,除市区和地震基本烈度为 8 度及以上地区,一般宜优先选用半高型配电装置。

高型配电装置是将两组母线上下重叠布置,两组母线隔离开关亦上下重叠布置,而断路器为双列布置,两个回路合用一个间隔,因而使占地面积大大缩小。但是,高型装置具有钢材耗费量大,土建投资多,安装、维护和运行条件较差等缺点,特别是上层母线发生短路故障时可能引起下层母线故障的缺点,对安全运行影响较大。因此,高型配电装置主要用于农作物高产地区、人多地少地区和场地面积受到限制的地区,但在地震基本烈度为 8 度以上的地区不宜采用。

10.3.2　屋外配电装置的一般问题

(1)母线和架构

屋外配电装置的母线有软母线和硬母线 2 种。

屋外配电装置母线采用软母线时,多采用钢芯铝铰线或分裂导线。三相母线呈水平布置,母线用悬式绝缘子串悬挂在母线架构上。使用软母线时,可选用较大的档距,但档距愈大母线的弧垂愈大,为保证母线相间以及相对地的距离,同时必须加大母线架构的宽度和高度。

屋外配电装置母线采用硬母线时多采用管形母线。三相母线呈水平布置,采用支柱式绝缘子安装固定在架构之上,因硬母线弧垂很小,故母线架构高度较低。管形母线不会摇摆,相间距离可以缩小。管形母线直径大,表面光滑,可提高电晕起始电压。管母线与剪刀式隔离开关配合使用,可以进一步节省占地面积。硬管母线存在易产生微风共振,抗震能力较差等缺点。近年来,硬管母线在高压配电装置中使用的范围逐渐扩大。

屋外配电装置的架构,可采用钢材或钢筋混凝土制成。钢架构经久耐用,机械强度大,抗震能力强,便于固定设备,运输方便;但钢架构金属消耗量大,需要经常维护。钢筋混凝土架构可以节约大量钢材,经久耐用,维护简单。我国钢筋混凝土架构,多使用在工厂中生产的钢筋混凝土环形杆到施工现场用装配的方式建成,因此具有运输和安装都比较方便的特点,但固定设备时不方便。钢筋混凝土架构是我国配电装置中使用范围最广的一种架构。

(2)电力变压器

电力变压器通常采用落地式布置,变压器基础一般作成双梁形并铺以铁轨,轨距与变压器的滚轮中心距相等。因电力变压器总油量大,布置时应特别注意防火安全。

为防止变压器发生事故时,溢出的变压器油流散扩大事故,要求单个油箱的油量在1 000 kg以上的变压器应设置能容纳100%或20%的贮油池或挡油墙等;设有容纳20%容量的贮油池或挡油墙时,应有将油排到安全处所的设施,且不应引起污染危害。贮油池或挡油墙应比设备外廓尺寸每边大1 m。贮油池内一般铺设厚度不小于250 mm的卵石层。

当变压器的油量超过2 500 kg时,两台变压器之间若无防火墙时,其防火净距不得小于下列数值:35 kV及以下为5 m;60 kV为6 m;110 kV为8 m;220 kV及以上为10 m。否则,需设置防火墙。防火墙的高度不宜低于变压器油枕的顶端高,其长度应大于变压器贮油池两侧各1 m;若防火墙上设有隔火水幕时,防火墙高度应比变压器顶盖高出0.5 m。容量为90 MVA以上的主变压器在有条件时宜设置水雾灭火装置。

(3)断路器和避雷器

断路器有低式和高式两种布置。采用低式布置时,断路器安装在0.5~1.0 m的混凝土基础上,其优点是检修方便、抗震性好,但必须设置栅栏,以保证足够的安全净距。采用高式布置时,断路器安装在约2 m高的混凝土基础之上,因断路器支持绝缘子最低绝缘部位对地距离一般不小于2.5 m,故不需设置围栏。

隔离开关和互感器均采用高式布置,对其基础要求与断路器相同。

避雷器也有低式和高式两种布置。110 kV及其以上的阀型避雷器,由于器身细长,为保证足够的稳定性,多采用低式布置。磁吹避雷器和35 kV及以下的阀型避雷器形体矮小、稳定性好,一般采用高式布置。

(4)其他

为满足运行维护及搬运等项工作的需要设置巡视小道及操作地坪,配电装置中应设置环形通道或具备回车条件的通道;500 kV屋外配电装置,宜设置相间运输通道。大、中型变电所内,一般应设置3 m宽的环形通道,车道上空及两侧带电裸导体应与运输设备之间保持足够的安全净距。此外,屋外配电装置内应设置0.8~1 m宽的巡视小道,以便运行人员巡视电气设备。

屋外配电装置中电缆沟的布置,应使得电缆所走的路径最短。电缆沟按其布置方向可分为纵向和横向两种。一般纵向(即主干线)电缆沟因敷设电缆较多,通常分为2路。横向电缆沟布置在断路器和隔离开关之间或互感器与端子箱之间,其数量按实际需要布置。电缆沟盖板应高出地面,并兼作操作走道。

发电厂和大型变电所的屋外配电装置,其周围宜设置高度不低于1.5 m的围栏,以防止外人任意进入。

配电装置中电气设备的栅栏高度,不应低于 1.2 m,栅栏最低栏杆至地面的净距,不应大于 200 mm。

10.3.3　屋外配电装置实例

在我国 20 世纪 50 年代,屋外配电装置主要采用普通中型,但因占地面积较大逐渐被淘汰。自 20 世纪 60 年代开始出现新型屋外配电装置以来,分相中型、半高型和高型配电装置使用范围日益广泛。

(1) 通中型配电装置

图 10.7 为 110 kV 管母线普通中型屋外配电装置,采用双母线带旁路接线的引出线间隔断面图。母线的相间距离为 1.4 m,边相距架构中心线 3 m,母线支柱绝缘子架设在 5.5 m 高的钢筋混凝土支架上。断路器、隔离开关、电流互感器和耦合电容均采用高式布置。为简化结构,将母线架构与门型架构合并。搬运设备通道设在断路器与母线架之间,检修与搬运设备都比较方便,道路还可以兼作断路器的检修场地。当断路器为单列布置时,配电装置会出现进出线回路引线与母线交叉的双层布置,从而降低了装置的可靠性。

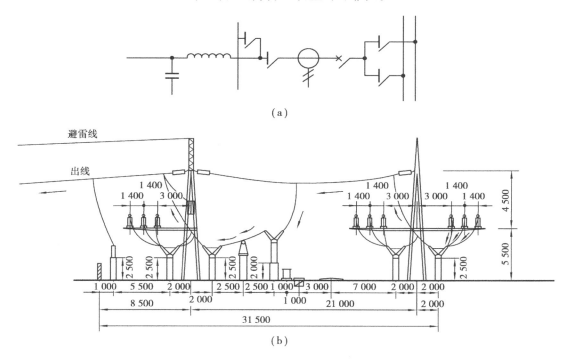

图 10.7　110 kV 普通中型配电装置

(2) 分相中型配电装置

分相中型配电装置与普通中型配电装置相比,主要的区别是将母线隔离开关分为单相分开布置,每相的隔离开关直接布置在各自相母线的下方。隔离开关选用单柱式隔离开关。母线经引线直接由隔离开关接至断路器,当隔离开关与断路器之间距离较大时,为满足动稳定与抗震的要求,需再加装支柱式绝缘子支撑固定。

分相中型配电装置的断路器为双列布置。母线为铝合金管型母线,为降低母线高度,采用棒式绝缘子固定,使母线距地面距离仅为 9.26 m,同时缩小了纵向距离。分相中型配电装置与普通中型配电装置相比,占地面积可节约 20% ~30%。

采用管型母线的分相中型配电装置,具有布置清晰、简化结构、节约三材、节约用地等优点,因此得到了广泛的应用。但是,由于支柱式绝缘子的防污能力和抗震能力较差,故在污染严重地区和地震烈度较高地区不宜采用。

(3)半高型配电装置

图 10.8 为 110 kV 双母线带旁路接线,采用管型母线的半高型配电装置引出线间隔的断面图。该配电装置将母线和母线隔离开关的安装固定位置抬高,而将断路器、电流互感器等设备布置在母线的下方,因此配电装置布置得更加紧凑。

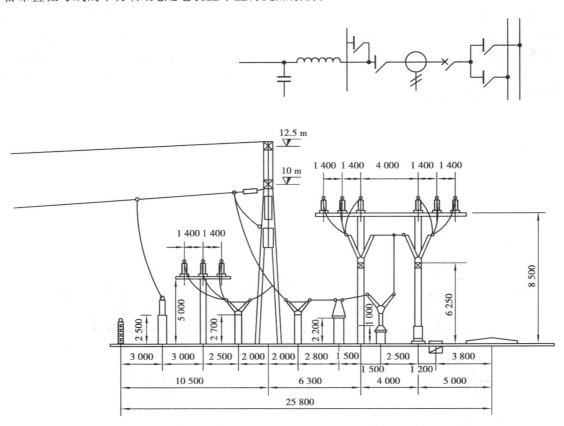

图 10.8　110 kV 铝管母线半高型配电装置

采用管型母线的半高型配电装置,具有布置简单清晰、结构紧凑、简化结构、节约三材、进一步节约用地、缩短巡视路线等优点。但是,不能进行带电检修,其防污和抗震性能较差。

(4)高型配电装置

图 10.9 为 220 kV 双母线带旁路接线,选用铝管母线的单框架配电装置。两组母线重叠布置,两组隔离开关上下重叠布置在架构上。断路器为双列布置,图中虚线部分为变压器隔断面设备的布置。采用管母线的高型配电装置,在中间架构布置隔离开关,边框的旁路母线下布置断路器、隔离开关和电流互感器等设备,充分利用空间位置,使占地面积明显减少,而钢材消耗量增加得不显著。因此高型配电装置在地少人多地区的场地受限制的工程中得到广泛应用。

148

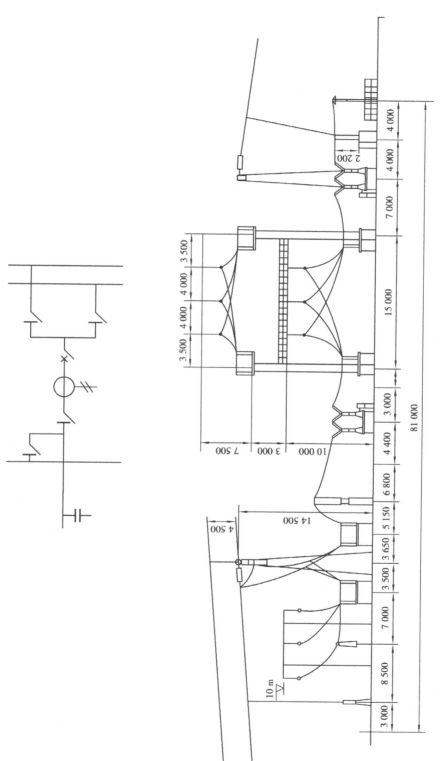

图10.9　220 kV铝管母线单框架单高型配电装置

10.4　成套配电装置

成套配电装置是制造厂成套供应的设备,运抵现场后经组装而成的配电装置。设计配电装置时,应根据电气主接线和二次回路的要求,选择标准定型产品或非标准产品,组成整个配电装置。

成套配电装置可分为低压成套配电装置、高压成套配电装置和 SF_6 全封闭组合电器(GIS)3 类。

10.4.1　低压成套配电装置

发电厂和变电所中所使用的低压成套配电装置主要有低压固定式配电屏和低压抽屉式开关柜 2 种。

低压固定式配电屏目前使用的主要 BSL(双面维护低压配电屏)系列低压配电屏。图 10.10 为 BSL-1 型低压配电屏,配电屏的框架用角钢焊接而成,正面用薄钢板做成面板。在面板上部装有测量仪表,中部安装闸刀开关的操作手柄,下部有两扇向外开启的门。三相母线布置在屏顶,闸刀开关、熔断器、空气自动开关、互感器和电缆终端头依次布置在屏内,继电器、电能表以及二次端子排也装设在屏内。

由于 BSL 系列配电屏具有结构简单、价格低廉、可以从两面维护以及检修方便等优点,所以它在低压配电装置中得到广泛的应用。

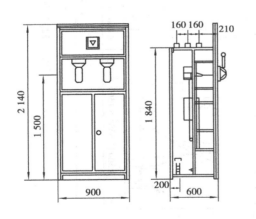

图 10.10　BSL-1 型低压配电屏

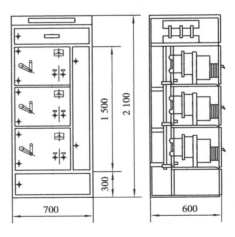

图 10.11　BFC-15 型抽屉式低压配电屏

低压抽屉式开关柜主要有 BFC 系列的开关柜,BFC 系列的开关柜如图 10.11 所示。BFC 系列开关柜为密封式结构,主要低压设备均安装在抽屉内。若回路发生故障,可拉出抽屉检修,或者换上备用抽屉迅速恢复供电。BFC 系列开关柜顶部为母线室,中部为抽屉室,每个抽屉内装设一个电路的设备。开关柜中部右侧为二次线和端子排室。开关柜的前后均设有向外开启的门。开关柜前面的门上装有仪表、控制按钮和空气自动开关操作手柄等。抽屉内设有连锁机构,可防止误操作。

BFC 系列抽屉式开关柜具有密封性好、可靠性高、体积较小和布置紧凑等优点,但由于它的价格较贵,因此目前主要用于大容量机组的厂用电配电装置和灰尘较多的车间。

10.4.2　高压开关柜

我国目前生产的 3～35 kV 高压开关柜可分为固定式和手车式两种。

10 kV 高压开关柜主要有 GG-1A、GFC 等系列产品。

图 10.12 为 GFC 型高压开关柜结构示意图,由固定本体和断路器手车两部分组成。

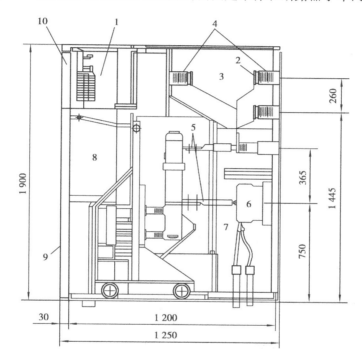

图 10.12　GFC 型高压开关柜

1—继电器室;2—母线;3—母线室;4—绝缘子;5—隔离插头;6—电流互感器;

7—出线室;8—手车室;9—手车室门;10—继电器室门

开关柜固定本体用角钢与薄钢板焊接而成,用钢板和绝缘板分隔成主母线室 3、继电器室 1、出线室 7 和手车室 8 等几部分。主母线室位于开关柜的后上部,室内装有母线 2 和母线侧的隔离静触头。母线为封闭式结构,不易积灰尘,不易发生短路,可靠性高。出线室位于开关柜的后下部,室内装有出线侧的隔离静触头、电流互感器和电缆终端头等设备。继电器室位于开关柜的前上部,在开关柜正面上方有两扇继电器室的门 10,门上装有仪表、控制开关、信号灯和信号继电器等设备,继电器室内安装继电器、熔断器、端子排和电能表等。开关柜正面下部为手车室的门 9,门上装有模拟电路图。手车室底板上敷设手车轨道,以便于断路器手车操作。断路器手车上装有断路器及其操动机构,断路器可从手车门推入或拉出,故又称为手车式开关柜。当手车处在工作位置时,隔离插头接通,断路器合闸后即可送电。当手车处在试验位置时,隔离插头断开,手车与开关柜固定本体之间的二次线可通过特殊插头连接,以便进行断路器的调整试验。手车与断路器之间装有机械连锁装置。机械连锁装置的作用是:在断路器处于闭合状态时手车不能拉出（或推入），只有断路器处于断开状态时手车才能拉出（或推入），用于可防止带负荷时推拉小车造成用隔离开关接通或断开电路。小车正面有观察窗，便于运行时观察开关柜内部运行情况。

GFC 形高压开关柜具有密封性好、防尘性好、运行可靠、维修工作量少、检修方便以及良好的互换性等优点。因此，广泛地用于发电厂的高压厂用配电装置之中。

10.4.3　SF_6 全封闭组合电器

SF_6 全封闭组合电器是以 SF 气体作为绝缘和灭弧介质，以优质环氧树脂绝缘子作支撑元件的成套高压组合电器。这种组合电器，根据电气主接线的要求，将母线、断路器、隔离开关、互感器、避雷器以及电缆终端头等元件组成一个整体，全部封闭在接地的金属（铝）质外壳中，密封的外壳内充以 SF_6 气体。

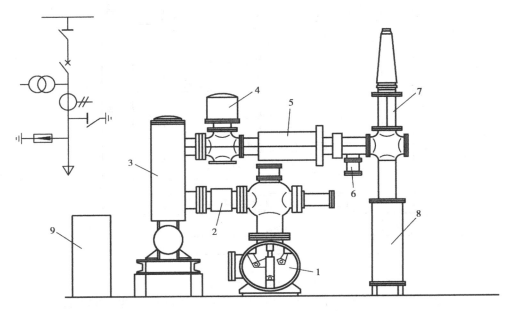

图 10.13　110 kV SF_6 封闭组合电器

1—母线；2—隔离开关；3—断路器；4—电压互感器；5—电流互感器；

6—接地隔离开关；7—避雷器；8—电缆终端头；9—端子箱

图 10.13 为 110 kV 单母线接线的 SF_6 封闭组合电器断面图。为了便于支撑和检修，母线布置在下部。母线采用三相共筒式结构，即三相母线封闭在公共的外壳之内。隔离开关、断路器和电流互感器等均采用单相单筒式结构。配电装置按照电气主接线的连接顺序，布置成"Ⅱ"形，使其结构更紧凑，以节省占地面积和安装空间。该封闭组合电器内部分为母线、隔离开关与电压互感器等 4 个相互隔离的气室，各个气室内的压力不同。为了防止事故范围的扩大，封闭组合电器各气室之间相互隔离，同样也便于各元件的分别检修与更换。

SF 封闭式组合电器与其他类型配电装置相比，具有以下特点：

1）运行可靠性高；

2）检修周期长，维护方便；

3）金属外壳接地,有屏蔽作用,能消除对无线电的干扰、静电感应和噪声等,有利于工作人员的安全与健康;

4）大量节省占地面积与安装空间;

5）土建和安装工作量小,建设速度快;

6）设备高度和重心低,使用脆性瓷绝缘子少,抗震性能好;

7）对加工精度和装配工艺要求高,金属消耗量大,造价高。

我国目前 SF_6 封闭组合电器主要用于 110 ~ 500 kV 大城市中心或场地特别狭窄的地区（如地形狭窄水电厂）、污染严重的沿海地区或历年最低气温在 −40 ℃ 以下对断路器有特殊要求的恶劣环境地区。

思 考 题

1. 配电装置有哪几种类型? 各有什么特点? 各自适用于哪些场合?
2. 配电装置应满足哪些基本要求?
3. 什么是配电装置的安全净距?
4. 屋内配电装置有哪几种类型? 各有什么特点? 适用于哪些场合?
5. 屋外配电装置有哪几种类型? 各有什么特点? 适用于哪些场合?
6. 成套配电装置有哪几种类型? 各有什么特点? 适用于哪些场合?

第**11**章
发电厂、变电站的直流系统

发电厂和变电站的电气设备分为两大类:一次设备和二次设备。二次设备互相连接而成的电路叫做二次回路。向二次回路中的控制、信号、继电保护和自动装置供电的电源称作操作电源。此外,在交流厂用电源中断时,直流操作电源还给事故照明、直流油泵等直流保安负荷及交流不停电电源等负荷供电,以保证其正确动作。因此,操作电源十分重要,必须充分可靠,具有独立性。

操作电源一般采用直流电。因为直流电能可通过蓄电池储存,是与发电厂和变电站一次无关的独立电源;另外可使操作和保护用的电器结构简化。

11.1 直流负荷和直流操作电源类型

11.1.1 直流负荷

发电厂、变电站的直流负荷,按其用电特性可分为经常负荷、事故负荷和冲击负荷。

经常负荷,指在正常运行时需要连续供电的负荷。例如:经常带电的继电器、信号灯、直流照明、自动装置、远动装置等。

事故负荷,指事故照明、直流润滑油泵、交流不停电电源的备用电源及各种控制、保护、通信等。

冲击负荷,指短时所承受的冲击电流,如断路器的合闸电流等。

11.1.2 直流系统的电源的类型

发电厂、变电站中的直流操作电源系统,常见的有以下几种:

1)蓄电池组直流系统。

2)硅整流电容储能直流系统。

3)复式整流直流系统。

蓄电池组直流系统是一种与电力系统运行方式无关的独立电源系统。在发电厂和变电站故障甚至交流电源完全消失的情况下,仍能可靠工作,因此它具有很高的供电可靠性。此外,由于蓄电池电压平稳,容量较大,因此可以提供断路器合闸时所需用的较大的短时冲击电流,并可作为事故保安负荷的备用电源。铅酸蓄电池组的缺点是运行维护工作量较大,寿命较短,价格昂贵,并需要许多辅助设备和专用房间。近年来由于阀控蓄电池的采用,上述缺点已有极大的改善。由于发电厂和变电站要求操作电源有较高的可靠性,因此目前在发电厂和变电站中广泛应用蓄电池直流系统。

此外,一些变电站中采用非独立的整流电源作为操作电源,主要有硅整流电容储能直流系统和复式整流直流系统。它们利用变电站一次电路作交流电源,经整流后供给控制信号和继电保护等用电。这样,省去了价格昂贵和运行维护复杂的蓄电池组,也省去了相应的专用房间,使造价降低。但是硅整流电容储能和复式整流直流系统,不能满足复杂的继电保护和自动装置的要求,对保证重型断路器的控制也不很可靠甚至困难;同时,在一次电路交流电源完全消失时,它们将无法工作,为此必须另接其他交流电源向整流电源供电。所以,目前已极少采用。

发电厂直流系统的电压等级:

1)控制负荷专用蓄电池组(对于网络控制室可包括其他直流负荷)的电压采用 110 V。

2)动力负荷专用蓄电池组的电压宜采用 220 V。

3)控制负荷和动力负荷共用的蓄电池组的电压宜采用 220 V。

变电所直流系统的电压等级:对于强电回路,蓄电池组电压采用 220 V 或 110 V;对于 500 kV 变电所弱电回路可以采用 48 V。

35～110 kV 无人值班变电所蓄电池组电压宜采用 110 V 或 220 V。

11.2　铅酸蓄电池的结构及工作特性

常用的蓄电池有酸性蓄电池和碱性蓄电池 2 种,但发电厂、变电站用得较多的是铅酸蓄电池。

目前发电厂、变电站采用的铅酸蓄电池分为两大类:较早使用的是固定型防酸式铅酸蓄电池,随着阀控电池的发展,阀控式密封铅酸蓄电池近年来在新建的发电厂、变电站中开始广泛地采用。

发电厂、变电站的蓄电池组,是由许多蓄电池相互串联组成的,串联的个数决定于直流系统的工作电压。

11.2.1　固定型铅酸蓄电池的基本结构

铅酸蓄电池的结构基本相同,主要由正极板组、负极板组、隔离器、耐酸容器、安全通风塞和附件等组成。图 11.1 所示是蓄电池的结构示意图,铅酸蓄电池的正极板多做成玻璃丝管式结构,以增大极板与电解液之间的接触面积,减小内电阻和增大单位体积的蓄电容量。玻璃丝管内部充填有多孔性的有效物质,通常是铅的氧化物。负极板为涂膏式结构,即将铅粉用稀硫酸及少量的硫酸钡、腐植酸、松香等调制成糊状混合物涂填在铅质的格栅骨架上。为了增大极板与电解液接触面积,表面有凸起的棱纹。一般,正极板的有效物质是褐色的二氧化铅,负极板的有效物质是灰色的铅棉。

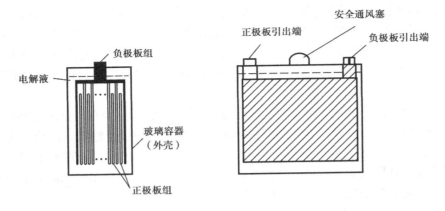

图 11.1　蓄电池结构示意图

蓄电池的极板总数通常为奇数,一般不少于 3 块。正极板的两侧都应有负极板,以保证正极板在工作中两面的化学反应程度尽可能完全相同,避免发生翘曲变形。同极性的极板用铅条焊接成一组,正负两极板用耳柄分别挂在容器边缘上。为了防止正负极板组被工作过程中脱落到底部而沉积起来的有效物质短路,极板组的下缘应与容器的底部保持有足够的距离。

为了防止正负极之间短路,在正负极板之间需用耐酸的塑料或木质绝缘材料做成的隔条或多孔性隔板隔开,使正负极板保持一定的距离。

电解液是由纯硫酸和蒸馏水配制而成(注意:因浓硫酸不易散热,如果将水注入硫酸中,将会发生爆溅伤人的事故,故在配酸时必须要把浓硫酸加入水中)。一般在温度为 15 ℃时,固定式铅酸蓄电池电解液的密度应该为 1.21。电解液面至少应该比极板的上沿高出 10 mm,以防止极板翘曲变形。同时,电解液面至少要比容器的上沿低 15 ~ 20 mm,以防止在充电过程中,由于电解液沸腾时溢出。另外,容器上面应用盖板,以防止灰尘落入和充电时电解液溅出。

11.2.2　铅酸蓄电池的工作原理及特性

(1)铅酸蓄电池的放电和放电特性

铅酸蓄电池的正极板(PbO_2)和负极板(Pb)插入稀硫酸溶液里就发生化学变化,在两极上产生不同的电位。两极在外电路断开时的电位差就是蓄电池的电势。

1)放电过程中的电化反应

蓄电池供给外电路电流时,叫做放电。放电时,电流从正极流出经负载(R)流向负极,如图 11.2 所示,在蓄电池内部的电流方向是由负极流向正极,在电解液的作用下,其电化反应式为:

正极反应:$PbO_2 + HSO_4^- + 3H^+ + 2e \rightarrow PbSO_4 + 2H_2O$　　　(正极吸收 2 个电子)

负极反应:$Pb + HSO_4^- \rightarrow PbSO_4 + 2e$　　　(负极释放 2 个电子)

从以上电化反应可以看出,蓄电池在放电时,正负极板都变成了硫酸铅($PbSO_4$),电解液中的硫酸(H_2SO_4)逐渐减少而水分增加,硫酸的密度降低。因此,在实际工作中,可根据其密度高低作为判断蓄电池的放电程度和确定放电终了的主要标志。

必须注意:在正常使用情况下,蓄电池不宜过度放电,否则将使混在有效物质中的细小硫酸铅晶体结成较大的晶体,增大极板电阻,在充电时就很难使它还原。

2) 放电特性

已完全充电的蓄电池,当放电负载接入蓄电池的正、负极并组成回路后,则在电势的作用下,即可实现蓄电池的放电。

在放电过程中,蓄电池的端电压 U_f 可由下式表示:

$$U_f = E - I_f r_n$$

式中　U_f——蓄电池的放电电压;

　　　E——蓄电池的电势;

　　　I_f——放电电流;

　　　r_n——蓄电池的内阻。

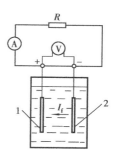

图 11.2　蓄电池放电电路

图 11.3 是以 10 h 放电电流绘制的蓄电池放电特性曲线。从图中可以看出,在放电开始时,由于极板表面和有效物质细孔内电解液的密度骤减,蓄电池的电势迅速减小,因而蓄电池的端电压下降较快(曲线 OA 段)。随着放电的继续进行,极板细孔中生成的水分量与由极板外层渗入的电解液量渐趋动态平衡,从而使细孔内电解液密度的下降速度大为减慢,蓄电池的电势近乎不变,端电压主要是由于蓄电池内阻的增大而逐渐减小(曲线 AB 段)。到放电后期,极板上的有效物质绝大部分已变成硫酸铅,在极板表面和细孔中形成的硫酸铅堵塞了已被稀释的电解液,难于同容器内密度较大的电解液相混合,同时蓄电池的内阻迅速增大,导致蓄电池电势很快下降,于是端电压也迅速下降(曲线 BC 段)。

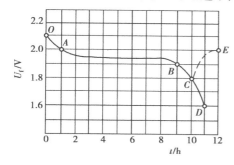

图 11.3　蓄电池放电曲线

放电到 C 点时,即应停止放电,此时端电压约为 1.8 V。如果仍继续放电,则极板外的电解液几乎已无法渗入有效物质的细孔内部,而细孔内的电解液将近乎全部变成了水,导致蓄电池的电势急剧下降,内阻急剧增大,造成端电压骤降(曲线 CD 段)。但如果在 C 点即停止放电,则蓄电池的电势会立即回升,并随容器内电解液向有效物质细孔内的逐渐渗透,电势最终可回升到 2.0 V 左右(曲线 CE 段)。

可见,曲线上的 C 点代表了蓄电池放电电压急剧下降的起始点。因此,C 点所对应的电压值称为蓄电池的放电的终止电压。

显然,蓄电池放电中,端电压的变化与放电电流的大小有关。放电电流越大,蓄电池的端电压下降就越快,这主要是由于电解液向极板细孔内渗入的速度有限,以及蓄电池的内部压降与放电电流成正比所致。因此,当改变放电电流时,蓄电池放电的初始电压、平均电压和终止电压都将随着改变。

图 11.4 示出了蓄电池放电初始电压、终止电压以及放电时间与放电电流之间的关系。图中所示的放电电流 $I_{f1} > I_{f2} > I_{f3} > I_{f4} > I_{f5}$,$U_{01} < U_{02} < U_{03} < U_{04} < U_{05}$ 分别代表在不同放电电流下,蓄电池的放电初始电压值,图中虚线代表了放电终止电压随放电电流的变化情况。如果排除由放电电流的改变对蓄电池放电特性的影响,即蓄电池以恒定不变的电流进行连续放电,则端电压随时间无变化。

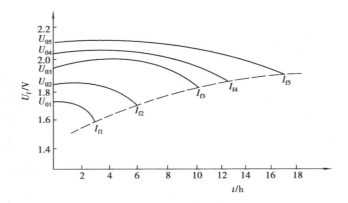

图 11.4 铅酸蓄电池不同放电电流放电特性曲线

（2）铅酸蓄电池的充电和充电特性

为使蓄电池放电终了后,在正负极板上的生成物质(硫酸铅)恢复为原来的有效物质,其方法是:利用直流对其进行充电,接线如图 11.5 所示。

蓄电池的正极接到直流电源的正极,负极接到电源的负极。当直流电源的端电压高于蓄电池的电势时,则蓄电池中将有充电电流 I_c 通过,在蓄电池内部,电流从正极板流向负极板。在充电电流的作用下,其电化反应式为:

$$PbSO_4 + PbSO_4 + 2H_2O \xrightarrow{\text{充电}} PbO_2 + Pb + 2H_2SO_4$$

从以上电化反应看出,当蓄电池充电后,两极有效物质恢复为原来的状态,而且电解液中硫酸的密度增加,水分减少,因此,蓄电池充电终期,可由电解液的密度高低来判断。同时,在充电终期,正负极上的硫酸铅($PbSO_4$)转变为二氧化铅(PbO_2)和海绵状铅(Pb)。

在充电过程中,蓄电池的电势可由下式表示:

$$E = U_c - I_c r_n$$

式中 E——蓄电池的电势;

U_c——外施充电(电流电源)电压;

I_c——充电电流;

r_n——蓄电池内阻。

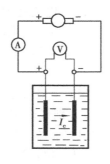

图 11.5 蓄电池充电电路

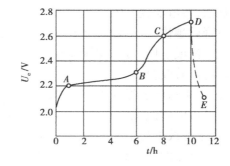

图 11.6 蓄电池充电曲线

当以恒流(如 10 h 充电电流)对蓄电池连续充电时,则外施充电电压随充电时间的变化曲线如图 11.6 所示,从图中可以看出,在充电开始时,正负极板上立即有硫酸析出,使极板表面和有效物质细孔内的电解液密度骤增,蓄电池的电势也随之很快上升。为维持充电电流 I_c 不变,必须相应提高外施充电电压值(曲线 OA 段)。在继续充电时,由于极板细孔中电解液密度增加速度和向外扩散速度渐趋平衡,蓄电池电势增加减缓,而且随着极板有效物质的恢复和电解液密度的增加,蓄电池内阻逐渐减少。因此,此时的外施充电电压只需缓慢升高即可维持充电电流为恒定值(曲线 AB 段)。随着充电的继续进行,正、负极板上的硫酸铅绝大部分已被还原成二氧化铅和铅,并使水开始电解,在正极板上释放出氧气,负极板上释放出氢气。吸附在极板表面的气泡,大大增加了蓄电池的内阻值。此时若维持充电电流不变,就必须迅速提高外施充电电压(曲线 BC 段)。外施充电电压超过 2.6 V 以后,极板上的有效物质已全部还原,外施电能全部被用于水的电解,氢气和氧气的析出量剧增,电解液呈现出沸腾现象,外施充电电压值稳定在 2.7 V 左右,不再升高(曲线 CD 段)。

当蓄电池的充电到达 D 点后,应视为充电已完成,即可停止充电。否则,继续充电只能是进行水的分解,白白消耗电能。蓄电池停止充电后,其端电压立即降落到 2.3 V 左右。由于 $I_c = 0$,因此蓄电池内部压降 $I_c r_n = 0$,端电压即为蓄电池的电势。此后随着极板细孔中电解液的扩散,容器内电解液浓度渐趋均匀,密度逐渐下降,蓄电池的电势将逐渐回复到 2.06 V 左右的稳定状态,即图 11.6 中曲线上的 E 点。

(3)蓄电池的电势

蓄电池的电势,在正负极板材料一定时,主要由电解液的浓度(密度)决定。除电解液的浓度外,蓄电池的电势还与电解液的温度有关,但影响不大,可以忽略不计。因此,在实际使用中,铅酸蓄电池的电势,可近似地用下列经验公式决定:

$$E = 0.85 + d$$

式中　E——蓄电池的电势;

d——电解液物密度(在 25 ℃时);

0.85——铅酸蓄电池电势常数。

固定型铅酸蓄电池在充电后电解液的密度约为 1.21 g/cm^3,全部放电后约为 1.150 g/cm^3。根据上述公式计算,固定型铅酸蓄电池的电势在静止时,在 2.06~2.00 V 之间。

(4)蓄电池的容量

蓄电池放电到终止电压时所能释放出的电能,即放电电流与放电时间的乘积所得的安时数,即为蓄电池的容量。

蓄电池容量的大小与很多因素有关,如起化学作用的有效物质的品种和数量,极板的结构、面积的大小和极板数,放电电流的大小,终止放电电压的大小和环境温度等。

一般,在正常的工作温度范围内,蓄电池的容量会随放电电流的增大而减少。这主要是因为:当蓄电池的放电电流较小时,有效物质细孔内电解液密度下降缓慢,在极板外层,硫酸铅的形成也比较缓慢,极板外面的电解液容易溶入细孔深处,使极板表层和细孔深处的有效物质都能参加放电的化学反应。而当放电电流较大时,细孔内的电解液密度下降较快,极板表层和细孔中的硫酸铅形成较快,迅速堵塞了有效物质的细孔,致使电解液难以渗入到极板的里层,极板里层的有效物质就难以参加放电的化学反应,没有得到充分利用。因此,放电电流越大,蓄电池所能释放的电能越少,即蓄电池的容量越小。

蓄电池的容量与放电电流的关系,可以用下面的经验公式来表述:

$$C = C_{10} + (I_{10}/I)^{n-1}$$

式中　C——蓄电池的实际容量;

I——蓄电池的放电电流；

C_{10}——蓄电池 10 h 放电容量；

I_{10}——蓄电池 10 h 的放电电流。

当 $I_{10}/I < 1/3$，取 $n = 1.313$；当 $I_{10}/I \geq 1/3$，取 $n = 1.414$。

鉴于蓄电池容量与放电电流的大小有如此密切的关系。因此，一般以 10 h 放电电流作为基准而得出的蓄电池容量值，叫做蓄电池的额定容量，记作 C_{10}。蓄电池的额定容量可按下式计算：

$$C_{10} = 10 I_e (\text{Ah})$$

式中　I_e——额定电流。

(5) 蓄电池的自放电

充足电的蓄电池，无论是工作或不工作时，其内部都有放电现象，这种现象称为自放电。产生自放电的主要原因，是由于极板含有杂质，形成局部的小电池，而小电池的两极又形成短路回路，短路回路的电流引起蓄电池的自放电。其次，由于蓄电池电解液上、下的密度不同，极板上、下电势的大小不等，因而在正、负极板上、下之间的均压电流也引起蓄电池的自放电。蓄电池的自放电会使极板硫化。通常铅酸蓄电池在一昼夜内，由于自放电约损失全容量的 1% ~ 2%，因此运行中应特别注意自放电问题。为防止蓄电池极板硫化，蓄电池应进行均衡充电。

11.2.3 蓄电池的维护工作

蓄电池组的使用和维护必须十分在意，如有不当，不仅会造成电池容量降低，寿命缩短，而且直接关系到电厂及电力系统的安全，因此蓄电池专责人员和运行值班人员必须按照规定对蓄电池进行检查、测量、加液、调液、充电、放电和处理落后电池等。

(1) 蓄电池的初充电

所谓初充电，就是新安装好的蓄电池第一次充电。蓄电池初充过程是否正确完善，将关系到蓄电池的使用寿命。初次充电进行得不好，将会给蓄电池造成难以挽回的损失。因此新装蓄电池应按照制造厂的规定进行初充。

(2) 蓄电池定期充、放电

定期充放电也叫演习性充放电，或叫核对性充放电。

以浮充电方式运行的蓄电池，经过一段时间要使其极板上的物质进行一次比较大的充放电反应，防止发生硫化，影响容量和效率，并且检查电池容量，发现落后电池，以便及时进行处理，保证蓄电池的正常运行。

定期充放电一般一年进行一次。具体方法是，先用 10 h 放电率作全容量放电，当每个电池电压降为 1.8 V，电解液密度下降到 1.17 g/cm³，或放出标称容量的 75% 时，即可停止放电。进行充电，充电一般分为 2 个阶段，第一阶段的充电电流以 10 h 充电率进行。待电池电压升到 2.4 V 后，进入第二阶段充电。此时，将电流降低 50% 继续充电。当蓄电池达到以下条件时，表示已经充足电，即要停止充电。

1) 电解液密度上升到 1.21 ~ 1.22 g/cm³，并稳定 3 h 不变化。

2) 电池电压在 2.5 ~ 2.7 V，并且 3 h 不变。

3) 极板上下均充分解出气泡，电解液呈乳白色。

4) 所充入容量为上次放出容量的 120% ~ 130%。

（3）蓄电池的浮充电

当蓄电池采用浮充电方式运行时,运行值班人员要随着直流负荷的大小,监视或调整浮充电源的电流,使直流母线电压保持额定值,并且使蓄电池总是处于浮充电状态下运行。

浮充电流是决定蓄电池寿命的关键,浮充电流过大,会使蓄电池过充电,造成正极板脱落物增加而提前损坏;反之,将造成欠充电致使负极板脱落物增加以及负极硫化等。因此必须使浮充电流处于适当状态。那么究竟浮充电流多大才算合理呢?多年的运行经验证明,浮充电流的大小,最主要的是保证每个电池的电压在 2.1~2.2 V 之间。当单个电池的电压在 2.1 V以下时,应增加浮充电流;当单个电池电压超过 2.2 V 时,应减少浮充电流。

关于浮充电流大小,还可以按下式计算,即:

$$I_{fc} = (0.01 \sim 0.03)C_{10}/36$$

式中　I_{fc}——浮充电流,（A）；

　　　C_{10}——蓄电池的额定容量,（Ah）。

（4）均衡充电

以浮充电方式运行的蓄电池,在长期运行中,由于每个电池的自放电不是相等的,而浮充电流是相同的,结果就会出现部分电池处于欠电压状态。为使每个电池都能在合格的范围内工作,应对蓄电池定期进行一次均衡充电。每隔 3 个月应进行一次均衡充电。方法是用浮充电流充电 1 h,改用 $0.1C_{10}$ 值电流又充 1 h,反复进行,直到一改用 $0.1C_{10}$ 值电流充电时,所有电池状况接近时为止。

（5）个别电池补充电

在蓄电池组运行时,由于个别电池自放电较大,或极板短路等原因,出现电池落后。为使这些电池能及早恢复正常,要以低电压的整流数（20 A,0~10 V）,对个别电池在不退出运行的情况下进行过充电处理。但是应注意,在任何方式的充电过程中,电解液的温度不应超过40 ℃。

11.3　固定型密封免维护铅酸蓄电池

固定型密封免维护铅酸蓄电池（以下简称阀控电池）基本上克服了一般铅酸蓄电池的缺点,逐步取代了其他形式的铅酸蓄电池。归纳起来,阀控电池有以下特点:

1）无需添加水和调酸的密度等维护工作,具有免维护功能;

2）大电流放电性能优良;

3）自放电电流小,25 ℃下每天自放电率在 2% 以下,为其他铅酸蓄电池的 20%~25%;

4）不漏液,无酸雾,不腐蚀设备及不伤害人,对环境无污染,可与其他设备同室安装;

5）电池寿命长,25 ℃浮充电状态使用,电池寿命可达 10~15 年;

6）结构紧凑,密封性好,可立式或卧式安装,占地面积小,抗振性能好;

7）不存在镉镍电池的"记忆效应"（指在循环工作时,容量损失较大）的缺点。

从运行情况看,阀控电池性能稳定、可靠,维护工作量小,但阀控电池对温度的反应较灵敏,不允许严重的过充电和欠充电,对充放电要求较为严格,要求充电装置具有较好的波纹系数、稳流系数和稳压系数。充电装置是直接影响蓄电池运行稳定性和使用寿命的重要因素。

目前,国内外广泛采用高频开关式充电装置,它的输出直流波纹系数小(0.05% ~ 0.1%),稳压和稳流系数也很小(0.2% ~ 0.5%),且能按规定的程序自动地对阀控电池进行充放电,基本上满足了阀控电池的要求。

11.3.1　结构特点

铅酸密封电池分为排气式和非排气式2种。阀控蓄电池是装有密封气阀的密封铅酸电池,是一种用气阀调节的非排气式电池。

阀控电池正常充放电运行状态下处于密封状态,电解液不泄漏,也不排放任何气体,不需要定期加水或酸,正常时极少维护,因此,阀控电池的结构具有以下特点:

1)板栅采用无锑(或低锑)多元合金制成正极板,保证有最好的抗腐蚀、抗蠕变能力。负极板采用铅钙合金,以提高析氢过电位。

2)采用吸液能力强的超细玻璃纤维材料作隔膜,具有良好的干、湿态弹性,使较大浓度的电解液全部被其储存而电池内无游离酸(贫液),或者使用电解液与硅胶组合为触变胶体。

3)负极容量相对于正极容量过剩,使其具有吸附氧气并将其化合成水的功能,以抑制氢氧气体发生速率。

4)装设自动关闭的单相节流阀(阀控帽),当电池在异常情况析出盈余气体,或长期运行中残存的气体时,经过节流阀泄放,随后减压关闭。

阀控电池可为单体式(2 V),200 Ah 及以下容量的电池可以组合成6 V(3 个 2 V 单体电池组成)电池。单体电池的结构示意图如11.7 所示。为便于调整电池的电压,国内外有的电池厂可将6 V 组合电池抽出 1 个成为4 V 电池,12 V 组合电池抽出 1 个成为10 V 电池,组合式阀控电池如图11.8 所示。

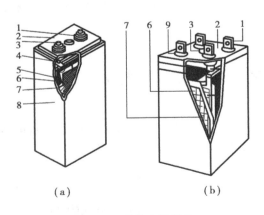

图 11.7　单体电池结构
(a)小容量一组接线端子电池　(b)大容量二组接线端子电池
1—接线端子;2—盖;3—安全阀;4—极柱;5—正极板;
6—隔板;7—负极板;8—外壳;9—端子胶

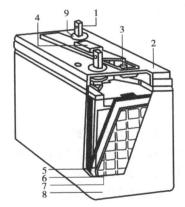

图 11.8　组合电池结构(12 V)
1—接线柱;2—盖;3—安全阀;
4—防爆陶瓷过滤器;5—正极板;
6—隔板;7—负极板;8—外壳;9—端子胶

11.3.2　阀控电池的工作原理

阀控电池和普通铅酸蓄电池的工作原理一样,其总的化学反应式如下:

$$PbO_2 + 2H_2SO_4 + Pb \underset{充电}{\overset{放电}{\rightleftharpoons}} PbSO_4 + 2H_2O + PbSO_4$$
　　（正极）　　　　　　（负极）　　　（正极）　　　　　（负极）

放电时,正、负极板都变成了硫酸铅,电解液中的硫酸逐渐减少而水分增加。充电后,两极有效物质恢复为原来的状态,电解液中硫酸的密度增加,水分减少。电解液中的水基本没有损失,所以阀控电池做成密封结构,不会使水消失。

11.3.3　阀控蓄电池组的充放电概述

阀控电池运行过程中充电方式通常有 3 种,可以用图 11.9 表示。

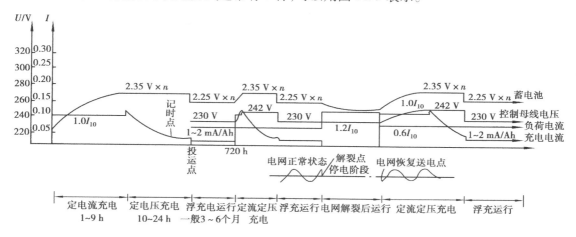

图 11.9　阀控电池运行示意图

（1）初充电

新安装的蓄电池或大修中更换的蓄电池组第一次充电,称为初充电。初充电电流为$1.0I_{10}$,单体电池充电电压到 $2.3 \sim 2.4$ V 时电压平稳,电压下降即可投运,即转为浮充运行。

（2）浮充电

阀控电池完成初充电后,转为浮充电方式运行,浮充电压值为 $2.23 \sim 2.27$ V 之间,根据制造厂家要求和运行具体使用情况而定。浮充电流值为 $0.3 \sim 2$ mA/h 作为电池内部的自放电和外壳表面脏污后所产生的爬电损失,从而使蓄电池组始终保持95%以上的容量。

（3）均衡充电

阀控电池在长期浮充运行中,如发生以下几种情况时,需对蓄电池进行均衡充电:

1)当电池安装完毕;

2)浮充运行中蓄电池间电压偏差超过规定标准时,即个别电池硫化或电解液的密度下降,造成电压偏低,容量不足;

3)当交流电源中断时,放电容量超过规定(5% ~ 10%)C_{10}以上。

上述情况,按程序进行均衡充电。对第二种情况如果设有电池监测装置能判断时,根据该装置检测情况进行均衡充电。如果无准确的电池监测装置时,则根据制造厂的要求,一般在浮

163

充运行 3 个月 720 h 后即进行均衡充电。在投运前,对电池进行初充电,此时用恒流为 $1.0I_{10}$ 进行充电。当单体电池电压上升到 2.35 V 转为恒压充电,此时充电电流减少,转为正常运行状态,即浮充电压为 2.25 V。当运行 720 h 后,进行均衡充电,即先以 $1.0I_{10}$ 对电池充电,至电池电压为 2.35 V 转为恒压充电,电压恒定一段时间又转为正常浮充状态。当交流电源中断后,此时自动进行均衡充电,以恒流 $1.0I_{10}$ 充电。电池电压上升至 2.35 V 和上述运行初充后均衡充电的过程相同。

由浮充转为均充的判断大多采用时间来整定,即不论放电幅度如何,一旦由恒流阶段转入恒压阶段后,延时若干个小时,则自动转为浮充。实际情况是充电所需时间与放电幅度有关。因为事故放电的深度是随机的,若用一个固定的时间来操作,则有可能造成电池的过充或欠充,所以实际中采用蓄电池回路的充电电流作为均充终期的判据。不同放电深度后充电的所需时间见表 11.1。

表 11.1　不同放电深度后充电所需时间

放电深度/C_{10}的百分数	充电电流	充电电压 2.28 V/个所需充电时间/h			充电电压 2.30 V/个所需充电时间/h		
		恒流	恒压	总计	恒流	恒压	总计
20	$1.0(I_{10})$	0.9	18	18.9	1.5	14	15.5
	$1.25(I_{10})$	0.8	15	15.8	1.0	13	14
50	$1.0(I_{10})$	3.3	20	23.3	4.0	19	23
	$1.25(I_{10})$	2.7	18	20.7	2.9	17	19.9
80	$1.0(I_{10})$	6.3	23	29.3	6.7	21	27.7
	$1.25(I_{10})$	4.6	22	26.6	5.0	20	25
100	$1.0(I_{10})$	8.1	24	32.1	8.7	21	29.7
	$1.25(I_{10})$	5.9	22	27.9	6.2	20	26.2

11.3.4　温度与容量及寿命的关系

在环境温度 −40 ~ 40 ℃ 范围内,蓄电池放电容量随温度升高而升高。因为在较高温度条件下放电,电解液粘度下降,浓差极化影响减小,导电性能提高,使放电容量增加。在一定温度范围内,如 5 ~ 40 ℃,其放电容量可按下式换算:

$$C_{10} = \frac{C_k}{1 + K(T - 25)}$$

式中　C_k——非基准温度时的放电容量,Ah;

　　　T——放电时的环境温度,℃;

　　　K——温度系数,10 h 放电率取 0.006/℃。

蓄电池放电容量与温度关系曲线见图 11.10。

温度对电池寿命影响较大,在 25 ℃ 条件下,如预期浮充寿命为 20 年,而在温度升高 10 ℃ 后,其预期寿命降低约 9 ~ 10 年,所以阀控电池不适宜在持续高温下运行。

温度与寿命的关系曲线如图 11.11 所示。

电池长期在高温下使用,电池内部会产生多余气体,电池内部气压升高,引起排气阀开启,造成电解液损失。

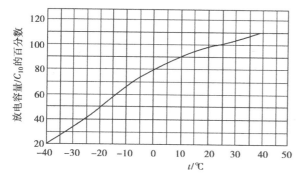

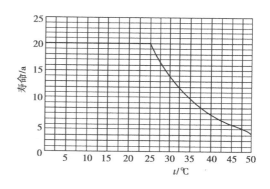

图 11.10　蓄电池放电容量与温度关系曲线　　　　图 11.11　温度与寿命的关系曲线

11.4　蓄电池组直流系统

铅酸蓄电池组恒定浮充电的原理接线图见图 11.12。图中有一组浮充电硅整流装置以及一组充电硅整流装置。在运行中蓄电池组与浮充电硅整流装置并联工作,浮充电硅整流装置供给经常接在直流母线上的直流负载,并不断用小电流使蓄电池组浮充电,补偿蓄电池组的自放电,使蓄电池总是处在完全充电的状况下,在事故情况下,其容量可以被充分利用。装置中所发生的短时高峰负载如高压断路器合闸操作,主要由蓄电池组承担。这是因为蓄电池组的伏安特性 $U = f(I)$ 比浮充电机组的伏安特性平坦。

蓄电池组是经过双柄电池开关与直流母线、浮充硅整流装置及充电硅整流装置相连接。

双柄电池开关含有一排金属片和两个手柄(充电柄和放电柄),金属片与蓄电池连接。电池开关的作用是当每只蓄电池电压下降时移动电池开关可投入更多只数的蓄电池来保持直流母线电压的不变。为了使电池开关的手柄从一片金属片移到另一片时不致造成蓄电池短路和断路,将每一手柄分成相互绝缘的两部分,它们之间经过电阻 R 连接。

蓄电池组中有一部分作为调节电压用的蓄电池,总有一些没有经过电池开关的放电柄接到直流母线上,因此得不到浮充电,它们的自放电未被补偿,这部分蓄电池硫化严重,很容易损坏。为此,在浮充电运行未接入母线部分的端电池上并接一可调电阻,调节该电阻可使该部分端电池与整组蓄电池处于相同的运行状态。其电流分布见图 11.13。在运行中调节 R 使此电阻回路内电流表的读数 i_1,等于浮充电装置的输出电流 i 减去蓄电池的浮充电流 i_2,从图 11.13 中可看出:固定基本电池与端电池通过的电流相同,端电池处于浮充状态,可使硫化现象减轻。选择调节电阻的条件为:电流应大于经常负荷电流,阻值应满足当经常负荷电流流过该电阻时的压降大于正常浮充电运行时未接入母线部分的端电池电压(对于变配电所取 20 ~ 25 V),一般选用 10 A、10 Ω,装在直流屏屏后。

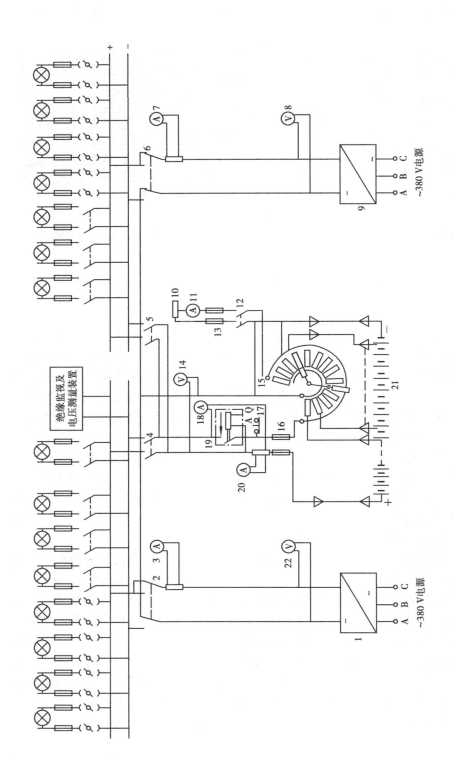

图11.12 按恒定浮充电工作的220 V蓄电池组直流电源原理接线图

1—浮充硅整流装置；2—双向隔离开关；3—浮充电流表；4、5—隔离开关；6—双向隔离开关；7—充电电流表；8—充电电压表；9—充电硅整流装置；10—调节电阻；11—电流表；12—组合开关；13—熔断器；14—充电电压表；15—双称电池开关；16—熔断器；17—按钮；18—浮充电流表；19—充电电流表；20—直流接触器；21—蓄电池组；22—浮充电压表

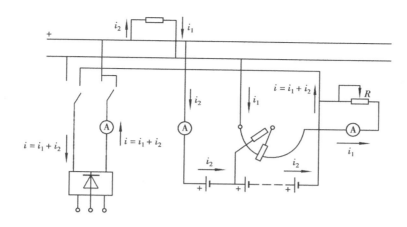

图 11.13　减少端电池硫化的附加电阻回路电流分布

i—浮充电设备输出电流；i_1—直流负载电流；i_2—蓄电池浮充电流

　　按照恒定浮充电法工作的蓄电池组应每月进行一次放电，随即完全充电。这样可以避免在浮充电电流值控制得不够仔细时极板上积聚起硫酸铅，而尤其重要的，是为了将那些平时没有浮充电电流通过，并且处于自放电而容量略有不足的附加蓄电池充电。

　　蓄电池组充电硅整流装置的功率比浮充电硅整流装置大。也能利用充电硅整流装置进行蓄电池组的定期核对性放电。

　　蓄电池组、浮充电装置和充电装置各个回路中都装设电压表和电流表。蓄电池组上应装设两只电流表，一只用来测量放电电流和充电电流，另一只小量程的电流表用来测量浮充电小电流，平时该表由直流接触器短路，需要测量浮充电电流时，可利用按钮将直流接触器断开，串入小量程电流表。

11.4.1　蓄电池组的运行管理

1）经常检查浮充电装置的输出电流，使其符合下式：

$$I_{zl} \geqslant I_{fc} + I_f$$

式中　I_{zl}——整流装置或浮充电机在浮充运行时的输出电流；

　　　I_{fc}——蓄电池浮充电流；

　　　I_f——正常负载电流。

2）每周关闭浮充电后半小时测量蓄电池端电压和电解液密度，使其符合表 11.2 的规定。

表 11.2　定期检查蓄电池端电压和电解液密度

项　　目	蓄电池状态	端电压/V	电解液密度 /(g·cm^{-3})	项　　目	蓄电池状态	端电压/V	电解液密度 /(g·cm^{-3})
固定式	满充电状态	2.1~2.2	1.21	汽车用	满充电状态	2.1~2.2	1.285
	放完电状态	1.75	1.10		放完电状态	1.95	1.17

3）每月进行一次补充电，补充电电流为蓄电池额定容量的 5%，即：

$$I_{bc} = 0.05Q_c$$

4) 每天巡视检查电解液是否溢出或流出,极板是否有脱落,玻璃缸是否破碎。

11.4.2 蓄电池组的选择

(1) 母线电压

通常,35 kV 用户变配电所一般仅需装设一组蓄电池即可。蓄电池组的母线电压采用 110 V 或 220 V 时,各有其优缺点。对于采用电动合闸机构的断路器,因合闸电流较大,电压越高,合闸电缆的截面便可越小些。这样,从合闸电缆的选择和电压降落来看选用 220 V 比 110 V 优越;但 220 V 直流继电器的电压线圈线芯较细、易断线而造成继电保护拒绝动作,从这点看 110 V 比 220 V 优越。总之,对某一变配电所的直流母线到底采用哪一种电压,应经过经济技术比较来确定。

(2) 蓄电池组

1) 全组蓄电池数 n 及基本蓄电池数 n_0。蓄电池组母线上正常电压应较直流电网额定电压约高 5%,如额定电压 110 V 蓄电池组的母线电压为 115 V,额定电压 220 V 蓄电池组的母线电压为 230 V。每个酸性蓄电池在充足电时为 2.7 V,经 1 h 放电率放电完毕时为 1.75 V。

对 110 V 蓄电池组:

全组蓄电池数: $n = 115 \text{ V}/1.75 \text{ V} \approx 65$

基本蓄电池数: $n_0 = 115 \text{ V}/2.7 \text{ V} \approx 43$

对 220 V 蓄电池组:

全组蓄电池数: $n = 230 \text{ V}/1.75 \text{ V} \approx 130$

基本蓄电池数: $n_0 = 230 \text{ V}/2.7 \text{ V} \approx 85$

全组蓄电池数 n 减去基本蓄电池数 n_0,为接到电池开关的附加蓄电池数(即端电池数)。

2) 蓄电池容量。按照恒定浮充电法工作的蓄电池组其容量选择的根据是故障时间内的放电容量(Ah)、最大长期放电电流(A)和最大短时放电电流(A)。

以恒定浮充电状态工作而在故障时放电的蓄电池组的计算放电容量决定于下式:

$$Q = (I_f + I_g)t_g + I'_g t'_g = (I_f + I_g)$$

式中 t_g——故障时间。对于变配电所取 1 h;

I_f——正常恒定负载电流;

I_g——故障时的故障负载电流;

I'_g——故障下使用时间 t'_g 小于 1 h 的故障负载电流。

故障状态下的最大长期放电电流 $I_{cf \cdot max}$ 由下式计算:

$$I_{cf \cdot max} = I_f + I_g + I'_g$$

计算出 Q 与 $I_{cf \cdot max}$ 后应乘以 1.1 的安全系数以免蓄电池组完全放电,并为了防备蓄电池组用过几年后减低容量。

求得放电容量及最大长期放电电流后,查表 11.3 中的 1 h 放电率的放电电流和容量,即选得蓄电池组的容量。

表 11.3　蓄电池各种放电率的放电电流及容量

电池型号		10 h 放电率		3 h 放电率		1 h 放电率		最大放电电流/A
		放电电流/A	容量/Ah	放电电流/A	容量/Ah	放电电流/A	容量 Ah	
GG-36	1K-3	3.6	36	9	27	18.5	18.5	46
GG-72	1K-5	7.2	72	18	54	37	37	92
GG-108	1K-7	10.8	108	27	81	55.5	55.5	139
GG-144	1K-9	14.4	144	36	108	74	74	185
GG-180	1K-11	18.0	180	45	135	92.5	92.5	231
GG-216	1K-13	21.6	216	54	162	111	111	277
GG-252	1K-15	25.2	252	63	189	129.5	129.5	323
GG-288	2K-9	28.8	288	72	216	148	148	370
GG-360	2K-11	36.0	360	90	270	185	185	462
GG-432	2K-13	43.2	432	108	324	222	222	555
GG-504	2K-15	50.4	501	126	378	259	259	647
GG-576	2K-17	5.6	576	144	432	296	296	740
GG-648	2K-19	64.8	648	162	486	333	333	832
GG-720	2K-21	72.0	720	180	540	370	370	925

校核按表 11.3 所选定的蓄电池组的最大放电电流与最大短时放电电流，使得

$$I_{xf\cdot max} \geq I_{df\cdot max}$$

式中　$I_{xf\cdot max}$——蓄电池组最大放电电流；

　　　$I_{df\cdot max}$——最大短时放电电流。

最大短时放电电流是指最大长期放电电流加上断路器电动操作机构合闸操作时的合闸电流。

11.5　高频开关整流装置简介

目前我国各地的发电厂、水电站及 500 kV、220 kV、110 kV、35 kV 等各类变电站所使用的直流电源设备（包括供给断路器分合闸用，后备电池充电以及二次回路的仪器仪表、继电保护、控制应急灯照明等各类低压设备用电），大部分采用的是相控电源或磁饱和式电源，由于受工艺水平和器件特性的限制，上述电源长期以来处于低技术指标、维护保养难的状况。再加上受变压器或晶闸管自身参数的限制，上述电源存在很多不足之处。例如：初充电流、浮充电流不稳，系统纹波电压过高，控制特性不佳，不便于同计算机系统配接实现监控等。同时，目前充电设备与蓄电池并联运行，当电源纹波系数较大，浮充电压波动时，会出现蓄电池脉动充电、放电现象，造成蓄电池组或单体的过早损坏。特别是阀控电池对充放电的要求较高，不允许严重过充和欠充，在电池初充及正常维护的均衡充电，均要求有性能良好和能按照电池运行的程序要求自动进行均充、浮充的转换和恒压、恒流等功能的充电装置。

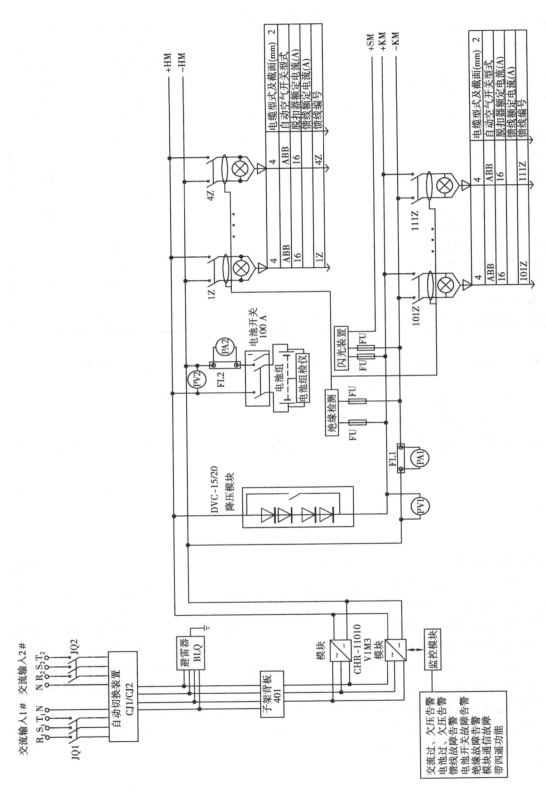

图11.14 高频开关直流电源系统原理图

相控电源或磁饱和式电源除了很多技术指标方面的缺陷外,还存在体积庞大,效率不高,"1 + 1"冗余投资大等不足之处,应该说已远远不能满足飞速发展的电力工程的需要,而以体积小、重量轻、效率高、输出纹波低、动态响应快、控制精度高、模块可叠加输出、"N + 1"冗余等为特点的高频开关电源逐步取代相控电源或磁饱和式电源已是大势所趋,特别是近 10 年来电力电子技术的迅猛发展以及功率器件制造技术的提高,更使高频开关电源的可靠性及适用面大大优于相控电源和磁饱和式电源。

开关电源技术属于电力电子技术,它运用功率变换器进行电能变换,经过变换电能,可以满足各种用电要求。由于其高效节能可带来巨大经济效益,因而引起社会各方面的重视而得到迅速推广。

以 AC/DC 的变换为例,与传统采用工频变换技术的相控电源相比,采用大功率开关管的高频整流电源,在技术上是一次飞跃,它不但可以方便地得到不同的电压等级,理论分析和实践经验表明,电器产品的体积重量与其供电频率的平方根成反比。所以当我们把频率从工频 50 Hz 提高到 20 kHz 时,用电设备的体积重量大体上降至工频设计的 5% ~ 10%。这正是开关电源实现变频带来明显效益的基本原因。

图 11.14 是某变电站的高频开关直流电源系统原理图。

11.5.1　高频开关模块结构原理

图 11.15 为 ZG13 系列高频开关电源的模块外形图:三相交流输入、输出标称直流电压为 220 V,额定电流为 30 A。ZZG13 系列标称直流输出电压有 110 V、220 V 2 种规格,额定输出电流有 20 A、30 A、50 A 3 种。

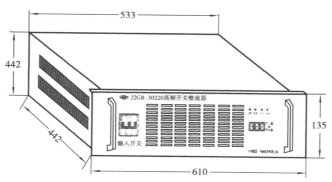

图 11.15　ZG13 系列高频开关模块外形图

各型高频开关模块元器件和内部接线有少量差异,但其原理是相似的,现以图 11.16 为例介绍如下:

模块由交流输入整流单元、高频逆变单元(DC/AC)、直流输出单元和控制监测单元等组成。交流输入单元由 AC380 V 或 AC220 V 输入,经防御雷击和其他高压冲击的抑制尖峰电压设备和滤波、阻容保护器等组成,经三相全波整流器输出电压经滤波器后变成直流。某些单位在直流侧装设电容器和非线性电阻,再次防止交流侧输入的过压,保证逆变单元达到元器件免受损坏及干扰信号不进入直流侧,同时也可抑制高频电源对电网交流侧的干扰。高频逆变单元将直流变高频交流电,逆变器的高频开关由脉冲调制电路输出信号控制、高频方波或正弦波

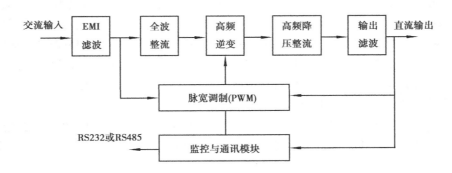

图 11.16　高频开关整流装置原理框图

电压,接到高频变压器的输入侧。PWM 脉宽调制电路及部分软开关谐振回路,根据电网和负载的变化自动调节高频开关的脉冲宽度和移相角,使输出电流在任何允许的情况下保持稳定。高频变压器铁心由铁氧体或非晶体制成,有很好的高频传递特性,效率高、体积小,变压器输出经整流桥和滤波器等组成的直流输出单元后变成平稳直流。

11.5.2　高频开关模块数量的选择原则

直流系统的蓄电池充电装置根据负荷要求可为几十安至几百安,因高频开关模块目前生产的 220 V 为 5～50 A,故充电装置要由多个模块并联组成,一般都为"$N+1$"备分冗余方式。这是因为一个模块故障不影响整组充电设备的正常工作,这与单机工作的相控充电设备有着质的不同。同时,高频开关整流模块可带电插拔,使得故障更换没有时间限制。

充电电流由 $N+1$ 个模块输出提供,采用自动均流措施(不平衡度不大于 5%)。例如直流负荷 50 A,可选择 10 A 的模块 6 个,即 5+1 个模块同时工作,每个模块平均分配电流为 50 A/$6 \approx 8.33$ A。当其中一个模块发生故障,充电装置发出报警信号,这时负荷由另外 5 个模块均流负担,不会影响正常供电,可将故障模块更换。在模块工作方式上,有些传统电源在轻载时均流特性不佳,小电流时稳流精度不够理想,有厂家提出充电装置在轻载时投入部分模块工作,满载时再投入全部模块工作。

根据《火力发电厂、变电站直流系统设计技术规范》(DL/T5044—95),充电设备的额定电流应为:

$$I_{\mathrm{s}} = 0.1C_{10} + I_{\mathrm{f}}$$

式中　I_{s}——充电设备的额定电流;

　　　I_{f}——直流系统经常负荷电流;

　　　C_{10}——蓄电池 10 h 放电电流。

11.5.3　高频开关电源的监控功能

监控单元由微处理器构成,可为液晶显示器或 CRT 显示,采集直流母线、充电装置和蓄电池等的信息,实现以下功能:

1)按蓄电池充放电程序自动控制充放电过程,如实现运行充电程序控制,长期浮充电运行后,自动充电程序控制;消失的交流电源恢复后,自动充电程序控制等方式。

2)显示直流系统的运行状态及故障和异常信号报警。

3）设运行状态和报警信号的标准通信接口（RS323 或 RS485）等，实现遥信、遥控、遥测和自检功能等。

11.5.4　整流器交流输入回路的数量

直流电源的交流电源一般由交流站用电屏提供，如果有两台用电屏，两路交流电源的切换一般在交流站用电屏内完成，这样给直流电源屏输入一回交流进线即可。如果交流站用电屏不具备自动投切功能，这样直流电源屏就需输入两回交流进线，在直流电源屏内实现自动切换。

11.5.5　直流母线硅堆降压回路的设置

过去变电站的断路器多为电磁机构，合闸电流较大，另外，蓄电池在充放电过程中的电压变化较大，为满足对直流母线电压水平的要求，一般在合闸母线与控制母线之间设置硅堆降压装置。降压硅堆采用多个二极管串联而成，分组控制投切，使接线和布置复杂化，而且，硅元件容易发生击穿和开路，严重影响直流系统供电的可靠性。目前，变电站的断路器多采用弹簧和液压机构，合闸电流较小，采用阀控式铅酸蓄电池，在充放电时电压变化范围小，可以不设硅堆降压装置，把合闸母线与控制母线合二为一。

11.5.6　直流配电开关的选择

过去的直流配电系统一般都采用负荷开关加熔断器的形式，存在着防护等级低、占用空间大、维护不便等问题。现在，随着国内外直流专用断路器的出现，直流系统的配电可以集中布置，节省空间和屏位，而且也容易接线，如采用正面开启式结构，更容易进行更换和维护。目前，国外生产的小型直流断路器，直流分断能力可达 DC250 V/10 kA，完全可以满足控制负荷馈电用，大容量的直流断路器，直流分断能力可达 DC250 V/50 kA，可以满足动力负荷馈电用。另外，这些直流断路器可以方便地加装辅助触点和故障报警触点。国内个别厂家，将小型交流断路器用在直流 220 V 的线路中，由于其分断能力达不到要求，在过负荷或短路的情况下，造成开关烧毁或越级跳闸的情况时有发生，严重影响直流供电的可靠性。

思　考　题

1. 什么叫操作电源？它的作用是什么？目前常用的有哪几种？
2. 铅酸蓄电池的工作原理如何？试写出充、放电过程的化学反应式。
3. 铅酸蓄电池在充、放电过程中应注意些什么问题？
4. 试解释说明铅酸蓄电池的充、放电特性曲线。
5. 什么是蓄电池的容量？为什么蓄电池会自放电？
6. 何谓全浮充电方式？如何判断蓄电池组是处于浮充电运行状态还是处于放电状态？
7. 何谓蓄电池的均衡充电？均衡充电的方法是什么？
8. 高频开关电源的优点是什么？

第**12**章
发电厂、变电站二次电路及断路器控制

12.1　二次接线图及其表示方法

　　二次回路接线图是用来表达二次回路各设备之间电气连接的图纸。因为此种图纸不仅可以用来说明原理,而且它的接线也可以画得非常具体,并可以按照各个二次设备端子上的连接顺序,逐一地把它按实际排列顺序画出来,因此在发电厂和变电所中二次回路接线图实际应用是很广泛的。可以说是从设计、安装、运行以至调试检修都需用到它。

　　二次回路接线图是二次回路的一部分,通常可分为原理图、展开图、安装图 3 种。

12.1.1　原理图(又称原理接线图)

　　原理图是表示二次回路构成原理的最基本的图纸,在图纸上所有的二次回路设备都用整体的图形表示并和一次回路画在一起,以便能表达出一个简单明了的总概念。图 12.1 是 35 kV 架空线路的三段式电流保护原理接线图。图中继电器用整体的图形表示,一次回路与二次回路画在一起,其回路动作顺序如下:当线路在工作中发生过电流时,电流继电器 K1—K6 先动作,常开接点闭合,启动了时间继电器 K8、K9,经过一定时限后,时间继电器的接点闭合,经过信号继电器与断路器的辅助接点 Q2 最后接通跳闸线圈 Y2,实现继电保护自动跳闸。

　　原理图虽然有以上优点,但是在图纸上对某些细节表示得不全面,特别是回路的详细路径、接线端子以及设备的内部接线等,因此当装置比较复杂时,用原理图表示就不一定方便,这样就用上了另外一种图纸,即展开图。

12.1.2　展开图(又称展开接线图)

　　展开图虽然也是用来表达二次回路构成的基本原理,但是与原理图的表达方式有不同的地方,它的特点是把二次回路设备展开表示,即把线圈和接点按交流电流回路、交流电压回路和直流回路为单位分开表示,同时为了避免回路的混淆,对属于同一线圈作用的接点或同一元件的端子,用相同字母代号表示。此外回路还按动作次序由左到右,由上到下逐行排列,因此回路次序明显,阅读和查对回路比原理图来得方便,在现场生产运行中常用作核对回路和寻查

故障等用。

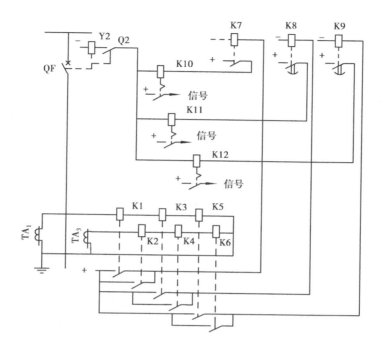

图 12.1　三段式电流保护的原理接线图

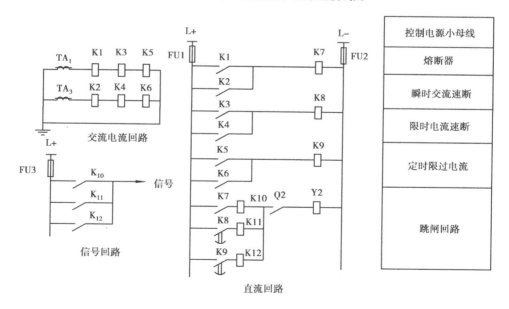

图 12.2　三段式电流保护的展开接线图

　　图 12.2 为三段式电流保护的展开图。对展开图的阅读次序,一般是先看交流电流回路,后看交流电压回路,最后再看直流回路。图中各元件的名称,常用适当字母代号表示,例如电流互感器用"TA",电压互感器用"TV";电流继电器及其他辅助继电器用"KA"、"KV"、"KT"、"KM"、"KH"表示,同时对接在不同相的元件,还在符号右下角加上一个字母来表示相位。例

如接在 A 相的电流互感器及电流继电器可写成"TA_1"及"KA_1"。为了区别同一回路的各元件,包括相同元件,可在符号前加一个数字符号,此数字符号同时也与原理图及实际安装图的元件编号相一致,例如"$5KA_1$"及"$6KA_2$"即表示编号 5 电流继电器接在 A 相回路中及编号 6 电流继电器接在 C 相回路中等等。

图 12.2 中的保护采用两相不完全星形接线。绘制实用图纸时,为便于阅读,继电器的代号均为 K,仅在其后加数字区别。图中 K1、K2、K7、K10 构成保护装置的第 I 段,即瞬时电流速断保护,K3、K4、K8、K11 构成保护的第 II 段,即限时电流速断保护。K5、K6、K9、K12 构成保护装置的第 III 段,即定时限过电流保护。任何一段保护动作时,均有相应的信号继电器掉牌,从而可以知道哪段保护曾动作过,以便分析故障的大概范围。

应该指出,线路相间短路的电流保护不一定都用三段,也可以只用两段,即瞬时或限时电流速断保护作为第 I 段或第 II 段,过电流保护作为第 III 段。

12.1.3 三段式电流保护的安装图

继电保护与自动装置的接线图除了上面介绍过的原理图与展开图外,还有一种安装图。安装图在安装配线及查线时使用极为方便,安装图包括屏面布置图和屏后接线图。屏面布置图表明了保护屏正面继电器等设备的布置情况;屏后接线图则表明屏内各设备之间及屏内设备与屏外设备之间的连接关系。通常所说的安装图指的是屏后接线图。

安装图是根据屏面布置图和展开图绘制的。图 12.3 为图 12.1、图 12.2 所示的三段式电流保护的安装图,其绘制原则和方法如下:

1)安装图中,继电器、仪表及端子排等设备都应按它们的形状,从屏后看它们的实际位置绘制。屏内设备的内部接线一般不必画出,只画出有关的线圈和触点的图形符号及它们的端子编号。

2)在安装图中,每个设备都应标明其项目代号的种类代号,同种类的不同设备,在种类代号后加数字予以区别。

国家标准中规定了有关设备的种类代号:发电机—G;变压器、互感器—T;母线、线路—W;电力电路开关—Q;电动机—M;继电器、接触器—K;保护器件—F;控制电路的开关—S;电感器—L;电容器—C;电阻器—R;端子排—X;测量设备—P;信号器件—H;电气操作的机械装置—Y;半导体器件—V。在种类代号字母前应加前缀"—",如—T、—K 等,若在前缀前不加项目代号不致引起混淆时,也可不加前缀。

3)屏内设备与屏外设备的连接以及屏内设备与屏顶设备之间的连接,要通过布置在屏后两侧的端子排(图 12.3 中的端子排布置在屏后的左侧)。端子排上部的 X1 为该图中端子排的代号,1、2、3……为端子排的端子顺序号。端子排的端子类型有试验端子、连接端子、普通端子、终端端子等。图 12.3 中,端子排上端子 1、2、3 为试验端子,专用于接电流互感器回路,6、7 及 8、9 为连接端子,其余为普通端子。

4)屏内设备之间的连接及设备与端子排之间的连接用"相对标号法"标注,而不画出连接导线。例如 K1 的线圈与 K3 的线圈串联,在安装图中 K1 的第 8 号端子处,标明 K3:2,在 K3 的第 2 号端子处,标明 K1:8。当屏内设备与端子排相连时,只需在屏内设备欲与其相连的端子处标明端子排代号的第几号端子即可。例如 K1 的 2 号端子处标有 X1:1,它表示 K1 的第 2 号端子与代号为 X1 的端子排的第 1 号端子相连。同时,在 X1 的 1 号端子处应标上 K1:2。

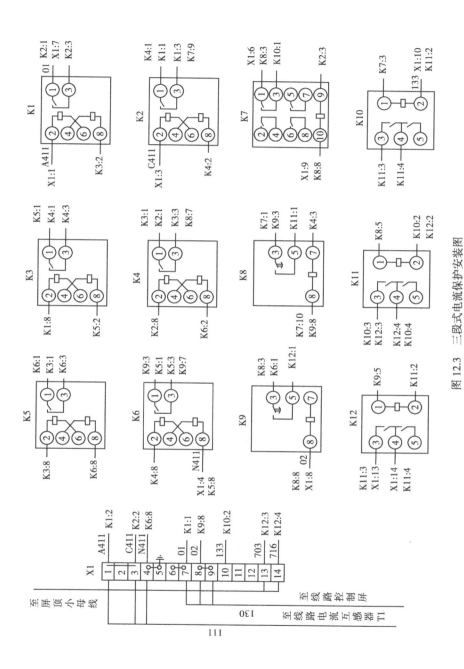

图 12.3　三段式电流保护安装图

5)二次小母线及连接导线、电缆等,应按国家标准中规定的数字范围进行编号。图 12.3 中导线的编号,沿用了原标准规定的编号。实用中仅将经过端子排的导线编号,屏内设备之间的连接导线可不编号。

12.2 断路器的控制

12.2.1 概　述

安装在配电装置中的断路器,合闸和跳闸的操作通常是在控制室进行的,控制室与断路器之间的距离,一般约数十米到数百米。控制室中控制盘或 CRT(计算机控制的显示器)上,装有对断路器进行合闸和跳闸的控制转换开关或按钮。控制开关与断路器操动机构箱之间用控制电缆联系。操作转换开关即可控制断路器跳、合闸,即:采用远方控制。

发电厂和变电所容量越大,断路器数量越多,为了减少控制室的运行监视面,可将某些不重要回路的断路器的操作,设置在配电装置的断路器旁,称为就地控制。例如:厂用电燃运、输煤等设备;变电所中低压母线的馈线等,其断路器的控制可采用就地控制方式。

断路器的控制电路,随断路器操作机构、监视断路器是在合闸位置还是跳闸位置的方法,以及三相连动还是分相操动机构的不同而有所区别。

(1)断路器操动机构的类型

断路器操动机构的主要类型有电磁操动机构(CD)、弹簧储能操动机构(CT)、液压操动机构(CY)等。目前中压真空断路器用得最多的是弹簧操动机构,但在 110 kV 及以上的 SF_6 断路器上,多采用液压型操动机构,随着自能灭弧 SF_6 的推广及真空断路器向高压发展,高压断路器采用弹簧将逐渐增多。

操动机构的跳闸线圈通常取用不大的电流(一般不超过 10 A),因此进行断路器跳闸操作时,可利用控制开关触点直接接通跳闸线圈回路,直接发出跳闸命令。

各种操动机构合闸时所取用的电流是不相同的,电磁操动机构合闸线圈取用电流很大(35～250 A),因此具有电磁操动机构的断路器进行合闸操作时,不能用控制开关触点直接接通合闸线圈回路,而必须通过中间接触器进行。弹簧储能型及液压型操动机构合闸时取用的电流不大,故可利用控制开关触点直接接通合闸线圈回路,直接发出合闸命令。

(2)对断路器控制回路的基本要求

1)操动机构的合闸线圈与分闸线圈都是按短时通过电流设计的,因此在完成断路器合闸或分闸操作后应能立即自动断开,以免烧坏线圈。

2)断路器不仅能利用控制开关进行手动合闸与分闸,而且应能由继电保护和自动装置实现自动分闸与合闸。

3)应有表示断路器处于"合闸"或"分闸"状态的位置信号,并且由继电保护和自动装置自动分、合闸后的位置信号与手动操作后的分、合闸位置信号应有所区别。

4)当断路器的操动机构不带防止断路器"跳跃"的机械连锁机构或机械"防跳"不可靠时,必须装设电气"防跳"装置。

5)控制回路应有熔断器保护,并应有监视电源及控制回路是否完好的措施。

（3）断路器的位置信号

断路器位于配电装置室或场地内，而控制开关装在控制室的控制屏上。为了使值班人员在操作时不致发生错误，控制屏上应有指示断路器"合"、"分"位置的信号设备。常用的断路器位置信号设备是用两种不同颜色的信号灯表示的，例如：红灯 HR——指示断路器的合闸位置，绿灯 HG——指示断路器的分闸位置。

为了使手动操作与自动操作的位置信号有所不同，并在自动操作时提醒运行人员注意，增设了"闪光"电源。当断路器经手动操作后处于合闸或分闸位置时，控制开关的位置与断路器的位置是对应的，相应的位置信号灯发"平光"。当断路器由继电保护或自动装置分闸或合闸时，断路器的位置改变了，而控制开关位置未变，控制开关与断路器的位置不对应，与断路器位置相应的信号灯"闪光"。例如继电保护动作使断路器分闸，控制开关仍在合闸后位置，而断路器处于分闸位置，绿灯"闪光"；并发出相应的音响报警信号，表明事故性质的"光字牌"亮以提示运行人员。运行人员得知事故后，可手动复归断路器位置与控制开关对应，绿灯"平光"；复归音响信号，保留"光字牌"，以便于处理事故。

在进行手动合闸或分闸操作过程中，为提醒操作人员核对所操作的对象是否正确，在预备操作时也接通闪光电源，使相应的信号灯闪光。

12.2.2　具有电磁操动机构用灯光监视的断路器控制回路

图 12.4 为具有 CD10 型电磁操动机构（本身具有机械防止"跳跃"措施）的断路器控制回路，图中控制开关 SA 及位置信号灯 HG 与 HR 装在控制屏（台）上；控制电源小母线 1L、闪光小母线 L（ + ）与音响信号小母线均装设在控制屏屏顶上。

为了在控制回路中出现短路故障时切断电源，在正负电源分支线上都装有熔断器。

由于信号灯的电流通过断路器的跳闸线圈 Y2 及合闸接触器的线圈 K，为了防止信号灯的工作电流过大或灯座短路时的电流引起断路器误分、误合甚至使 Y2、K 烧坏，信号灯串联一限流电阻。

断路器 QF 及其操动机构装设在配电装置室内。在操动机构中有合闸线圈 Y1、跳闸线圈 Y2 及断路器的辅助触点 Q1、Q2 等。在配电装置中还备有接通合闸线圈 Y1 回路的合闸接触器 K 及合闸小母线 2L。

控制室与配电装置室之间用控制电缆连接。

（1）断路器控制回路的动作过程

1）分闸状态。断路器在分闸状态时，控制开关 SA 在分闸后位置，SA 的触点 11-10 接通，断路器的常闭辅助触点 Q1 闭合，绿灯亮，一方面表示断路器处于分闸状态，另一方面说明合闸操作回路完好。此时因绿灯串联有限流电阻，使流过 K 线圈的电流很小，K 不会动作，断路器不会合闸。

2）手动合闸。在进行手动合闸操作时，预合时：SA 的触点 9-12 接通，绿灯"闪光"，但此时断路器仍处于分闸位置；合闸时：SA 的触点 5-8 接通，绿灯 HG 及其限流电阻被短接，电路的全部电压加在接触器线圈 K 上，其常开触点闭合，接通合闸接触器的线圈 Y1 回路，使断路器合闸。

此外，在计算机控制的操作人员工作站 CRT 上操作，通过微机逻辑控制电路，最后输出信号，通过出口中间继电器放大后，其输出触点将绿灯 HG 及限流电阻短接，使断路器合闸。

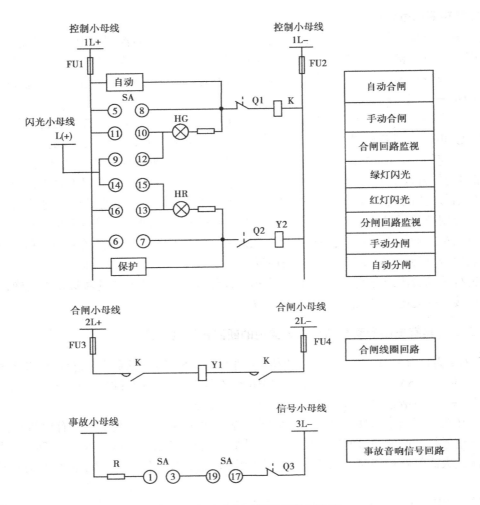

图 12.4 灯光监视的断路器控制回路

3）合闸状态。在断路器处于合闸状态时，SA 手柄在合闸后位置，SA 的触点 16-13 接通，断路器的常开辅助触点 Q2 闭合，红灯亮，一方面表示断路器处于合闸状态，另一方面说明跳闸操作回路完好。这时因红灯串联有限流电阻，使通过跳闸线圈的电流很小，断路器不会跳闸。

4）手动分闸。在进行手动分闸操作时，预分时：SA 的触点 14-15 接通，但此时断路器仍处于合闸位置，其常开辅助触点 Q2 仍接通，于是"红灯"闪光；合闸时：SA 的触点 6-7 接通，红灯 HR 及其限流电阻被短接，电路的全部电压加在跳闸线圈 Y2 上，使断路器跳闸。

此外，在计算机控制的操作人员工作站 CRT 上操作，通过微机逻辑控制电路，最后输出信号，通过出口中间继电器放大后，其输出触点将红灯 HR 及限流电阻短接，使断路器跳闸。

5）自动合闸。当自动装置（如备用电源自动投入装置）动作时，装置的触点将绿灯 HG 及其限流电阻短接，断路器自动合闸，但这时 SA 仍在分闸后位置，SA 的触点 14—15 接通，于是红灯闪光，以区别于手动合闸信号。

6）自动分闸。当因故障继电保护动作时，其跳闸出口继电器 KOF 的触点闭合，将红灯 HR 及其限流电阻短接，使断路器分闸，但此时 SA 仍在合闸后位置，其触点 9-12 接通，于是绿灯

HG 闪光,以区别于手动分闸信号。

(2)具有防跳跃闭锁继电器的断路器控制回路图

图 12.5 中防跳跃继电器 KLJ 通常采用 DZB-115 型中间继电器,它有 2 个线圈,即电流线圈和电压线圈,电流线圈为动作线圈,电压线圈为自保持线圈。在利用 SA 手动合闸时,若一次系统有故障,继电保护动作,使跳闸线圈 Y2 得电分闸的同时,KLJ 的电流线圈流过电流而动作,一方面其常闭触点 KLJ-2 断开,切断合闸回路,以防止值班人员在手动合闸后未放开 SA 手柄或自动重合闸装置的触点粘住的情况下再次合闸,另一方面 KLJ 的常开触点 KLJ-1 闭合,在上述情况下使电压线圈得电自保持,直到 SA 手柄放开,其触点 5-8 断开或自动重合闸装置的触点恢复正常为止。KLJ-3 的作用是当保护动作其出口

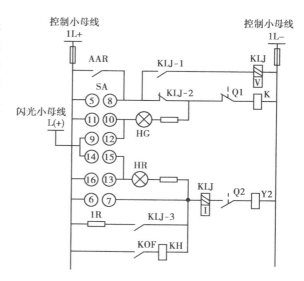

图 12.5　具有防跳闭锁继电器的控制回路

中间继电器 KOF 的触点闭合,作用于断路器分闸时,用以防止在故障切除后,KOF 的触点比断路器辅助触点断开得快的情况下使 KOF 的触点烧毁。串联电阻 1R 是为了保证信号继电器可靠掉牌而设置的。

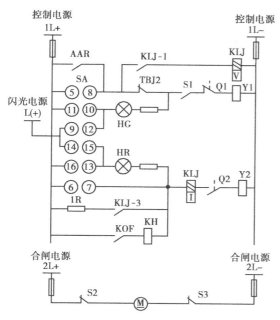

图 12.6　弹簧操动机构

12.2.3　具有弹簧操动机构的断路器控制回路

弹簧操动机构平时由电动机将弹簧拉紧储能,合闸时弹簧释放,将断路器合上,其控制回路如图 12.6 所示。

当弹簧未拉紧时,操动机构的辅助常闭触点 S2 和 S3 接通,启动电动机使合闸弹簧拉紧储能。弹簧拉紧后 S2、S3 断开,电动机停止。

利用控制开关 SA 手动合闸时,SA 的触点 5-8 接通。而操动机构的辅助触点 S1 在弹簧拉紧时是闭合的,于是断路器的合闸线圈 Y1 接通,使断路器在拉紧弹簧的作用下合闸。

12.2.4　具有液压操动机构的断路器控制回路

液压操动机构的特点是利用液压储能操作断路器分、合闸,并靠液压储能使断路器保持在

合闸状态。当液压低于规定值时,启动油泵电动机蓄能;液压高于规定值时,油泵电动机停止。
图 12.7 为具有液压操动机构的断路器控制回路。它与图 12.5 的共同点是:合闸线圈 Y1 直接
串接于 SA 的触点 5-8 的回路,这是因为它们合闸时取用的电流不大。该图的特点是在合闸回
路中加了一对触点 S4(S1—S5 为液压操作机构所带微动开关的触点)作为液压闭锁用,当油
压低于 13.2 MPa 时,S4 断开,不允许断路器合闸。当油压低于 12.6 MPa 时,触点 S5 闭合,启
动 KM2,其常开触点闭合,使断路器跳闸,这是因操动机构出了故障引起油压降低而导致的
跳闸。

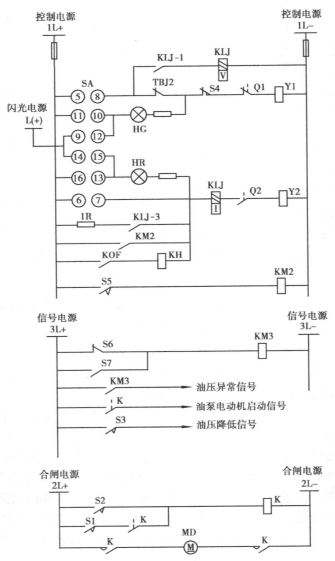

图 12.7 液压操动机构的断路器控制回路

当油压低于 10 MPa 时,压力表的触点 S6 闭合,启动 KM3,其常开触点接通,发出油压异
常信号;当油压高于 20 MPa 时,压力表的触点 S7 闭合,也发出油压异常信号;当油压低于
14.4 MPa时,触点 S3 闭合,发出油压降低信号。

油泵电动机 MD 由合闸电源供电。当油压低于 15.8 MPa 时,触点 S1、S2 闭合。S2 闭合后使接触器 K 的线圈励磁,K 动作,其主触点闭合使油泵电动机启动。其常开辅助触点闭合,使 S1 触点回路也向接触器 K 的线圈供电。当油压上升到 15.8 MPa 时,触点 S2 断开,但由于 S1 仍闭合,因此油泵电动机继续运行,当油压上升到 17.5 MPa 时,触点 S1 断开,接触器失磁而跳开,使油泵电动机停止运行。

12.3　变电所微机实时监控系统

变电所正常运行中,每时都要记录主设备(如主变压器)、线路等的电压、电流、功率等参数。如果负荷变动,尚需进行必要的调整和操作。特别是当电力系统发生故障时,系统中的变化量很多,信息变化速度快。在这种情况下,要求值班人员能及时和准确地分析大量的变化信息,并迅速做出判断和决策是很困难的。随着变电所容量日益增大,以及微机技术应用迅速普及,现已逐渐采用微机实时监控代替以往的人工监控。

12.3.1　微机监控系统可以实现的功能

1)电力系统正常运行时,系统各部分的主要参数,如 U、I、P、Q、f、$\cos\varphi$ 等每小时的最大值和最小值,都得自动采集、处理、打印和显示。当其中某些参数偏离规定值时,发出越限报警。

2)定时打印电能量和负荷率。对变电所每条线路,每小时、每班和每天的电能量和负荷率进行定时打印。

3)变电所主接线和潮流的自动显示。当主接线有变更时,如某台变压器或线路的投入和切除,能在显示器屏幕上及时显示出来。

4)自动投切电容器。当系统的功率因数偏离规定值时,能自动投切电容器,以实现功率因数随负荷变化而自动调整。

5)实现有载自动调压。具有带负载调压的变压器,当系统电压偏离规定值时,便自动调节变压器的分接头,改变输出电压。

6)抑制尖峰负荷。当变电所出现尖峰负荷时,能自动切除部分次要负荷,将最大负荷抑制在规定范围内。

7)每条线路的线损,进行实时计算和打印。

8)事故综合分析。当系统发生短路时,自动记录故障发生时间、故障线路名称、断路器跳闸的顺序以及自动重合闸动作情况。根据所采集的这些开关量变化情况,经过综合分析,能判断出发生短路的线路名称、继电保护动作情况、重合闸是否成功,如未成功,是哪部分出现故障。

9)自动寻找故障点。如变电所的进出线较长,当线路发生短路故障时,能自动测算故障点与变电所的距离。

10)自动选出接地线路。中性点不接地或经消弧线圈接地的系统中,当发生单相接地时,自动找出接地线路,并打印和在屏幕上显示出来。

11)通过屏幕显示和键盘,实现人机联系。

12)某些离线计算。

12.3.2　变电所微机监控系统结构图

图12.8所示系统由一台高档或中档微型机为核心,经过输入输出接口板,下接若干功能单元,每一功能单元仅完成某一规定的功能。每一单元可根据需要由若干模块组成。模块用单片机和输入输出组件构成。如U、I处理单元,将高速顺序采样的电压和电流瞬时值,经过一定的运算和处理,便可得出有效值,既省去了变送器,又可使测量结果准确。有些变电所还把微机监控装置与微机保护装置二者结合而成微机综合装置。

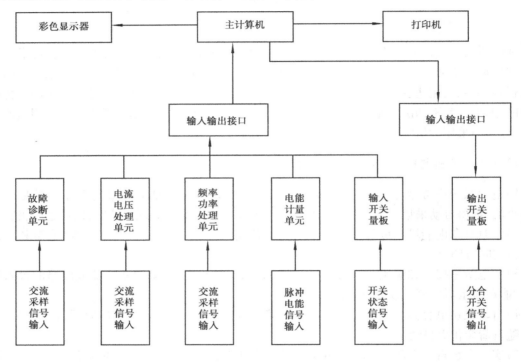

图12.8　微机监控系统结构图

思 考 题

1. 什么是二次回路原理接线图和展开接线图? 二次回路接线图有几种形式? 各有什么特点?

2. 断路器的控制回路应满足哪些基本要求?

3. 断路器为什么要采用防跳装置? 防跳装置应满足什么要求? 跳跃闭锁继电器如何起到防跳作用?

4. 断路器控制回路在断路器动作完成后,用什么方法切断控制电流,以满足分、合闸线圈短时通过电流的要求?

5. 试述弹簧和液压操动机构断路器控制回路的特点。

6. 断路器的灯光位置信号是利用什么原理实现的?

附　录

附录1　主要符号意义

A——吸收率

C——热稳定系数,电容,蓄电池电容量

S——视在功率,截面积

Q——无功功率,热效应

P——有功功率

E——电势

U——电压

I——电流

G——发电机

T——变压器

T——温度

L——线路,电抗器

L——电感,长度

M——互感,弯矩

M——电动机

DK——单相电抗器

QF——断路器

QS——隔离开关

YH——中间变压器

W——母线

W——抗弯矩

Z——阻抗

R——电阻

r——电阻

X——电抗

k——系数

d——短路点,液体密度

t——时间

J——经济电流密度

F——力

K——继电器,接触器

H——高度

θ——温度

σ——应力

ρ——电阻率

ω——角频率

η——效率

m——导体质量,互感系数

f——频率,单位长度的电动力

B——磁感应强度

X——端子排

N——匝数

附录 2　电气设备参数

附表 1　同步汽轮发电机主要技术参数

型　号	QF2-12-2	QF2-25-2	QFQ-50-2	TQN-100-2	QFS-200-2	QFS-300-2
额定容量/MW	12	25	50	100	200	300
额定电压/kV	6.3(10.5)	6.3(10.5)	6.3(10.5)	10.5	125.75	18
额定电流/A	1 375(825)	2 860(1 716)	5 730(3 440)	6 475	8 625	11 320
功率因数(cosφ)	0.8	0.8	0.8	0.85	0.85	0.85
效率/%	97.4	97.4	98.5	98.71	98.32	98.61
接线方式	Y	Y(YY)	YY	YY	YY	YY
空载励磁电压/V	53(48.2)	51.5(47.4)				144
空载励磁电流/A	98.8(89.5)	150(135.3)	233(210.8)	653.2	624.7	629
满载励磁电压/V	186(182.7)	182(187.5)	269(270)	271	384	483
满载励磁电流/A	244(240)	375(378)	537(520)	1 614	1 605	1 844
同步电抗	1.90(2.13)	1.91(2.26)	1.86	1.81	1.90	2.26
暂态电抗	0.20 (0.232)	0.111 (0.216)	0.20 (0.185)	0.286	0.222	0.269
次暂态电抗	0.122 (0.143)	0.122 (0.13e)	0.116 (0.124)	0.183	0.143	0.167
定子电阻(75℃)/Ω	0.009 93 (0.028)	0.002 97 (0.010 34)	0.002 48	0.001 108	0.001 91	0.002 7
转子电阻(75℃)/Ω	0.64	0.407 (0.416)	0.352	0.124 2	0.208	0.284
定子开路时转子时间常数/s	9	11.58 (11.2)	11.22	6.2	7.4	8.38

附表2　电力变压器主要技术参数

型　号	S_e/kVA	U_e/kV 高	中	低	ΔP_d/kW	ΔP_0/kW	$u_d\%$ I-II	I-III	II-III	$I\%$
SL7-1600/10	1 600	10.5 10		6 6.3	16.3	2.65		h 5.5		1.3
SL7-3150/10	3 150	10.5 10		6 6.3	27.0	4.40		5.5		1.2
SL7-6300/10	6 300	10.5 10		6 6.3	41.0	7.50		5.5	1.0	
SL7-1600/35	1 600	35		6 6.3	19.5	2.55		6.5		1.4
SL7-3150/35	3 150	35		6 6.3	27.0	4.75		7.0		1.2
SL7-6300/35	6 300	35		6 6.3	41.0	8.20		7.5		1.05
SL7-6300/110	6 300	110		6 6.3	41.0	11.60		10.5		1.1
SFL7-12500/110	12 500	110		6 6.3	70.0	16.5		10.5		1.0
SFL7-16000/110	16 000	110		6 6.3	86.0	23.5		10.5		0.9
SFL7-31500/110	31 500	121 110		6.3,10.5 11	146	38.5		10.5		0.8
SFL7-63000/110	63 000	121 110		6.3,10.E 11	298	60.0		10.5		0.8
SFPL-63000/220	63 000	242 220		6.3,10.5 11	355	93.0		12.0		0.8
SFPL-120000/220	120 000	242 220		10.5, 13.8	874	125		13.6		0.7
SFSL-16000/110	16 000	121 110	38.5	6.3,10.5 11	135	38.5	17.5 10.5	10.5 17.5	6.5	3.3
SFSL-31500/110	31 500	121 110	38.5	6.3,10.5 11	2 353	72.5	17.5 10.5	10.5 17.5	6.5	3.2
SFPSL-63000/110	63 000	121 110	38.5	6.3,10.5 11	417	101	17.5 10.5	10.5 17.5	6.5	2.5
SFPSL-120000/220	120 000	242 220	121	10.5, 13.8			24.7	14.7	8.8	
OSFPSL-240000/220	240 000	242 220	121	10.5, 13.8			25.0	16.0	13.0	

型号意义:SL7——三相铝线低损耗自冷;SFL7——三相铝线低损耗风冷;

　　　　SFPL——三相铝线强迫油循环风冷;SFSL——三相三绕组铝线风冷;

　　　　SFPSL——三相三绕组铝线强迫油循环风冷;OSFPSL——自耦三相三绕组铝线强迫油循环风冷。

接头范围:①容量在 6 300 kVA 及以下,高压绕组:$U_e \pm 5\%$

　　　　②容量在 8 000 kVA 及以下,高压绕组:$U = U_e \pm 2 \times 2.5\%$ 或 $U = U_e \pm 4 \times 2.5\%$ (220 kV)

　　　　③三绕组变压器的中压绕组:$U = U_e \pm 5\%$

绕组代号:Ⅰ ——高压绕组;Ⅱ ——中压绕组;Ⅲ ——低压绕组。

附表3 高压断路器主要技术参数

型 号	额定电压 /kV	额定电流 /A	额定开断电流 /kA	极限通过电流 /kA 峰 值	极限通过电流 /kA 有效值	热稳定电流 /kA 1 s	热稳定电流 /kA 5 s	热稳定电流 /kA 10 s
LW-110 I /2500	110	2 500	31.5	125		50(3 s)		
LW$_6$-110 II /3150	110	3 150	40	125		50(3 s)		
LW$_6$-220/3150	220	3 150	40	100		40(3 s)		
LW$_6$-220/3150	220	3 150	50	125		50(3 s)		
LW$_6$-500/3150	500	3 150	40	100		40(3 s)		
LW$_6$-500/3150	500	3 150	50	125		50(3 s)		
LW$_6$-500RW/3150	300	3 150	40	100		40(3 s)	50(4 s)	
LW$_6$-500RW/3150	500	3 150	50	125		50(3 s)	50(4 s)	
SFM$_{110}$-110/2000	110	2 000	31.5	80		31.5(3 s)		
SFM$_{110}$-110/2500	110	2 500	40	100		40(3 s)		
SFM$_{110}$-110/3150	110	3 150	50	125		50(3 s)		
SFN$_{110}$-110/4000	110	4 000	50	125		50(3 s)		
SFM$_{220}$-220/2000	220	2 000	40	80		40(3 s)		
SFM$_{220}$-220/2500	220	2 500	50	80		50(3 s)		
SFM$_{220}$-220/3150	220	3 150	50	100		50(3 s)		
SFM$_{220}$-220/4000	220	4 000	63	125		63(3 s)		
SFM$_{330}$-330/2500	330	2 500	40	100		40(3 s)		
SFM$_{330}$-330/3150	330	3 150	50	125		50(3 s)		
SFM$_{330}$-330/4000	330	4 000	63	160		63(3 s)		
SFM$_{500}$-500/2500	500	2 500	40	100		40(3 s)		
SFM$_{500}$-500/3150	500	3 150	50	125		50(3 s)		
SFM$_{500}$-500/4000	500	4 000	63	160		63(3 s)		
SFMT$_{110}$-110/2000	110	2 000	31.5	80		31.5(3 s)		
SFMT$_{110}$-110/2500	110	2 500	40	100		40(3 s)		
SFMT$_{110}$-110/3150	110	3 150	50	125		50(3 s)		
SFMT$_{220}$-220/2000	220	2 000	31.5	80		31.5(3 s)		
SFMT$_{220}$-220/2500	220	2 500	40	100		40(3 s)		
SFMT$_{220}$-220/3150	220	3 150	50	125		50(3 s)		
SMMT$_{330}$-330/2500	330	2 500	40	100		40(3 s)		
SFMT$_{330}$-330/3150	330	3 150	50	125		50(3 s)		
SFMT$_{330}$-330/4000	330	4 000	63	150		63(3 s)		
SMMT$_{500}$-500/2500	500	2 500	40	100		40(3 s)		
SFMT$_{500}$-500/3150	500	3 150	50	125		50(3 s)		
SFMT$_{500}$-500/4000	500	4 000	63	150		63(3 s)		
ZN$_4$-10/1000	10	1 000	17.3	44		17.3(4 s)		
ZN$_{12}$-10/1250	10	1 250	31.5	80		31.5(3 s)		
ZN$_{12}$-10/1600	10	1 600	31.5	80		31.5(3 s)		
ZN$_{12}$-10/2000	10	2 000	40	100		40(3 s)		
ZN$_{12}$-10/2500	10	2 500	31.5	80		31.5(3 s)		
ZN$_{12}$-10/3150	10	3 150	55	125		50(3 s)		

附表4　隔离开关的主要技术参数
（户内隔离开关）

型　号	额定电压 /kV	额定电流 /A	动稳定电流 /kA	热稳定电流 /kA	附　注
GN1-6	6	200	25	10(5)①	
GN1-10	10	400 600	50 60	14(5) 20(5)	
GN1-10	10	1 000 2 000	80 85	26(10) 36(10)	
GN1-20	20	400	52	14(5)	
GN1-35	35	400 600	52 52	14(5) 20(5)	
GN2-10	10	2 000 3 000	85 100	36(10) 50(10)	
GN2-20	20	400	50	10(10)	
GN2-35T	35	400 600 1 000	52 64 70	14(5) 25(5) 27.5(5)	
GN6-6T GN8-6T	6	200 400	25.5 52	10(5) 14(5)	GN8 型带穿墙套管
GN6-10T GN8-10T	10	600 1 000	52 75	20(5) 30(5)	
GN-6	6	400 600	30 52	12(4) 20(4)	联 合 设 计新系列
GN-10	10	1 000	80	31.5(4)	
GN10-10T	10	3 000 4 000 5 000 6 000	160 160 200 200	75(5) 85(5) 100(5) 105(5)	
GN10-20T	20	5 000 6 000 8 000 9 000	224 224 224 300	105(5) 105(5) 120(5) 100(5)	
GN14-20	20	10 000 13 000			

注:①热稳定电流栏括号内的数字为相应的热稳定时间(s)。

附表5　隔离开关的主要技术参数

（户外隔离开关）

型　号	额定电压/kV	额定电流/A	动稳定电流/kA	热稳定电流/kA	附　注
GW1-6	6	200	15	7（5）	
GW1-10	10	400	25	14（5）	
GW1-10	10	600	35	20（5）	
GW2-35、35D	35	600	50	14（5）	
GW2-110 GW2-110D	110				
GW4-10	10	200	15	5.7（4）	
		400	25	11（4）	
		600	50	15.8（4）	
GW4-35、35D	35	600	50	15.8（4）	
GW4-60、60D	60	1 000	80	23.7（4）	
GW4-110、110D	110	2 000	104	46（4）	
GW4-220、220D	220				
GW5-35G、35GD GW5-35GK	35				35 GK： 0.25 s（分闸）
GW5-60G、60GD GW5-60GK	60	600	72	16（4）	60 GK： 0.30 s
GW5-110G、110GD GW5-110GK	110	1 000	83	25（4）	110 GK： 0.35 s
GW6-220G、220GD	220	1 000	50	21（5）	
GW6-330	330	2 000	62	40（3）	
GW7-110、110D	110	600	55	14（5）	
GW7-220、220D	220	600	55	21（5）	
		1 000	83	33（4）	
		1 200	80	36（5）	
GW7-330、330D	330	1 000	55	21（5）	
		1 500	67	33.6（5）	
GW8-35	35	400			中性点隔离开关
GW8-60	60	400	15	5.6（5）	
GW8-110	110	600			
GW9-10G	10	200	15	7（5）	单极式
		400	21	14（5）	
		600	35	19.6（5）	

注：①型号中符号意义：D—带有接地刀；K—快分型。

　　②热稳定电流栏括号内的数字为相应的热稳定时间（s）。

附表6 限流式熔断器主要技术参数

系列型号	额定电压 /kV	额定电流 /A	断流容量 /MVA	备 注
RN1	3	20～400	220	供电力线路的短路或过电流保护用
	6	20～300		
	10	20～200		
	15	5～40		
RN2	10,20,35	0.5	1 000	保护户内电压互感器
RN3	3	10～200	200	
	6	10～200		
	10	10～150		
RW9-35	35	0.5	2 000	保护户外电压互感器
		2～10	600	

附表7 电压互感器技术参数

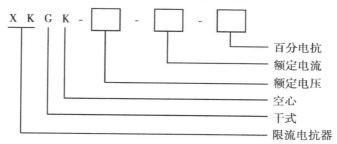

X K G K - □ - □ - □
百分电抗
额定电流
额定电压
空心
干式
限流电抗器

型 号	额定电压/kV			额定容量/VA			最大容量 /VA	20 ℃时电阻 /Ω		试验电压 /kV	质量/kg	
	原线圈	副线圈	辅助线圈	0.5级	1级	3级		原线圈	副线圈		总质量	油的质量
单 相 双 卷 电 压 互 感 器												
JDJ-6	3	0.1	—	30	50	120	240	445	0.74	24	23	4.7
JDJ-6	6	0.1	—	50	80	200	400	1 920		32	23	4.7
JDJ-10	10	0.1	—	80	150	320	640	2 840	0.445	42	36.2	7.3
JDJ-35	35	0.1	—	150	250	600	1 200	9 040	0.096	95	248	95
三 相 三 卷 电 压 互 感 器												
JSJW-6	3	0.1	0.1/3	50	80	200	400			24	115	40
JSJW-6	6	0.1	0.1/3	80	150	320	640	1 100	0.164	32	115	40
JSJW-10	10	0.1	0.1/3	120	200	480	960	1 730	0.15	42	190	70
JSJW-15	13.8	0.1	—	120	200	480	960				250	85
JSJW-15	13.8	0.1	0.1/3	120	200	480	960				250	85

续表

型 号	额定电压/kV			额定容量/VA			最大容量/VA	20 ℃时电阻/Ω		试验电压/kV	质量/kg	
	原线圈	副线圈	辅助线圈	0.5级	1级	3级		原线圈	副线圈		总质量	油的质量
单 相 三 卷 电 压 互 感 器												
JDJJ₁-35	$35/\sqrt{3}$	$0.1/\sqrt{3}$	0.1/3	150	250	500	1 000			95	120	40
JCC-110	$110/\sqrt{3}$	$0.1/\sqrt{3}$	0.1		500	1 000	2 000			200	1 360	315
JCC₁-110	$110/\sqrt{3}$	$0.1/\sqrt{3}$	0.1/3		500	1 000	2 000			200	530	135
JCC-220	$220/\sqrt{3}$	$0.1/\sqrt{3}$	0.1		500	1 000	2 000			400	1 020	275
JDZJ-6	$6/\sqrt{3}$	$0.1/\sqrt{3}$	0.1/3	50	80	200	400				15	—
JDZJ-10	$10/\sqrt{3}$	$0.1/\sqrt{3}$	0.1/3	50	80	200	400				19.5	—
JDZJ-15	$13.8/\sqrt{3}$	$0.1/\sqrt{3}$	0.1/3	50	80	200	400				20	—
JDZJ-35	$35/\sqrt{3}$	$0.1/\sqrt{3}$	0.1/3	150	250	500	1 000				—	

附表 8 电流互感器主要技术参数

型 号	额定电流比/A	级次组合	准确度	二次负荷/Ω				10%倍数	1 s 热稳固倍数	动稳固倍数
				0.5级	1级	3级	D级			
LAJ-10 LBJ-10	20,30,40,50/5	0.5/D 及 1/D、D/D	0.5	1				<10	120	215
	75,100,150/5		1		1			<10		
	200/5		D				2.4	≥15		
	300/5	0.5/D 及 1/D、D/D	0.5	1				<10	100	180
			1		1			<10		
			D				2.4	≥15		
	400/5	0.5/D 及 1/D、D/D	0.5	1				<10	75	135
			1		1			<10		
			D				2.4	≥15		
	500/5	0.5/D	0.5	1				<10	60	110
	600~800/5	0.5/D 及 1/D、D/D	0.5	1				<10	50	90
			1		1			<10		
			D				2.4	≥15		
	1 000~1 500/5	0.5/D 及 1/D、D/D	0.5	1.6				<10	50	90
			1		1.6			<10		
			D				3.2	≥15		
	2 000~6 000/5	0.5/d 及 1/D、D/D	0.5	2.4				<10	50	90
			1		2.4			<10		
			D				4.0	≥15		

型 号	额定电流比/A	级次组合	准确度	二次负荷/Ω				10%倍数	1 s 热稳固倍数	动稳固倍数
				0.5级	1级	3级	D级			
LRD-35	100 ~ 300/5					0.8	3.0			
LRD-35	200 ~ 600/5					1.2	4.0			
LCWD-35	15 ~ 1 500/5	0.5/D	0.5	1.2	3				65	150
			D		0.8	3		35		
LCWD$_2$-110	(2×50) ~ (2×600)/5	$\dfrac{0.5/D}{D}$	0.5	2					75	130
			D				2	15		
LCLWD$_2$-220	(4×300)/5	$\dfrac{0.5/D}{D/D}$	0.5	4					21	38
			D				4	40		

注:①LRD-35 由二次线圈接头改变变化,例如 LRD-35,100 ~ 300/5;(A-B) ~ 100/5;(A-C) ~ 150/5;(A-D) ~ 200/5;(A-E) ~ 300/5。

②LCWD 由一次线圈串、并联改变变比。110 kV 可得 2 种变化,220 kV 可得 4 种变比。

附表9　裸铜、铝及钢芯铝线的载流量

(按环境温度 +25 ℃,最高允许温度 +70 ℃计)

铜 绞 线			铝 绞 线			钢 芯 铝 绞 线	
导线牌号/mm²	载 流 量/A		导线牌号/mm²	载 流 量/A		导线牌号/mm²	屋外载流量/A
	屋 外	屋 内		屋 外	屋 内		
TJ-4	50	25	LJ-10	75	55	LGJ-35	170
TJ-6	70	35	LJ-16	105	80	LGJ-50	220
TJ-10	95	60	LJ-25	135	110	LGJ-70	275
TJ-16	130	100	LJ-35	170	135	LGJ-95	335
TJ-25	180	140	LJ-50	215	170	LGJ-120	380
TJ-35	220	175	LJ-70	265	215	LGJ-150	445
TJ-50	270	220	LJ-95	325	260	LGJ-185	515
TJ-60	315	250	LJ-120	375	310	LGJ-240	610
TJ-70	340	280	LJ-150	440	370	LGJ-300	700
TJ-95	415	340	LJ-185	500	425	LGJ-400	800
TJ-120	485	405	LJ-240	610		LGJQ-300	690
TJ-150	570	480	LJ-300	680		LGJQ-400	825
TJ-185	645	550	LJ-400	830		LGJQ-500	945
TJ-240	770	650	LJ-500	980		LGJQ-600	1 050
TJ-300	890		LJ-625	1 140		LGJQ-300	705
TJ-400	1 085					LGJQ-400	850

附表 10　组合导线选择表

发 电 机 规 范			经济截面 /mm²	组 合 导 线 选 择		铝部总截面 /mm²
容量 /kW	电压 /kV	电流 /A			规　范	
6 000	6.3	687	573		2 × LGJQ-300	582
12 000	6.3	1 374	1 146		3 × LGJQ-400	1 176
12 000	10.5	825	687		2 × LGJQ-400	784
25 000	6.3	2 870	2 390	Ⅰ 型	2 × LGJQ-300 + 10 × LJ-185	2 412
				Ⅱ 型	2 × LGJ-185 + 12 × LJ-185	2 558
				Ⅲ 型	2 × LGJ-240 + 12 × LJ-185	2 676
25 000	10.5	1 720	1 432	Ⅰ 型	2 × LGJQ-185 + 6 × LJ-185	1 460
				Ⅱ 型	3 × LGJ-500	1 446
				Ⅲ 型	2 × LGJ-240 + 6 × LJ-185	1 576
50 000	6.3	5 740	4 780	Ⅰ 型	2 × LGJQ-400 + 22 × LJ-185	4 810
				Ⅱ 型	2 × LGJQ-300 + 24 × LJ-185	4 974
50 000	10.5	3 440	2 865	Ⅰ 型	2 × LGJQ-300 + 12 × LJ-185	2 778
				Ⅱ 型	2 × LGJ-240 + 14 × LJ-185	3 036
100 000	10.5	6 480	5 400		2 × LGJQ-500 + 24 × LJ-185	5 356
125 000	13.8	6 150	5 125		2 × LGJQ-500 + 24 × LJ-185	5 356

注:经济电流密度按 1.2 A/mm² 计。

附表 11　矩形铝导体长期允许载流量/A

导体尺寸 $h \times b$ /(mm × mm)	单 条		双 条		三 条		四 条	
	平 放	竖 放	平 放	竖 放	平 放	竖 放	平 放	竖 放
40 × 4	480	503						
40 × 5	542	562						
50 × 4	586	613						
50 × 5	661	692						
63 × 6.3	910	952	1 409	1 547	1 866	2 111		
63 × 8	1 038	1 085	1 623	1 777	2 113	2379		
63 × 10	1 168	1 221	1 825	1 994	2 381	2 665		
80 × 6.3	1 128	1 178	1 724	1 892	2 211	2 505	2 558	3 411
80 × 8	1 174	1 330	1 946	2 131	2 491	2 809	2 863	3 817
80 × 10	1 427	1 490	2 175	2 373	2 774	3 114	3 167	4 222
100 × 6.3	1 371	1 430	2 054	2 253	2 633	2 985	3 032	4 043
100 × 8	1 542	1 609	2 298	2 516	2 933	3 311	3 359	4 479
100 × 10	1 728	1 803	2 558	2 796	3 181	3 578	3 622	4 829
125 × 6.3	1 674	1 744	2 446	2 680	2 079	3 490	3 525	4 700
125 × 8	1 876	1 955	2 725	2 982	3 375	3 813	3 847	5 129
125 × 10	2 089	2 177	3 005	3 282	3 725	4 194	4 225	5 633

注:①表中导体尺寸中 h 为宽度,b 为厚度。

②表中当导体为四条时,平放、竖放第 2、3 片间距离皆为 50 mm。

③同截面铜导体载流量为表中铝导体载流量的 1.27 倍。

附 录

附表 12 铝芯纸绝缘电缆数设在空气中,当温度为 25 ℃、35 ℃和 40 ℃时的长期允许电流

电缆截面/mm²	电缆长期允许载流量/A																	
	单 芯*			双 芯*			三 芯*									四 芯		
	额 定 电 压/V																	
	1 000			1 000			3 000 及以下			6 000			10 000			1 000		
	电缆线芯允许的最高温度和环境温度/℃																	
	80			80			80			65			60			80		
	25	35	40	25	35	40	25	35	40	25	35	40	25	35	40	25	35	40
2.5	37	33	31	23	21	19	24	22	20									
4	48	43	41	31	28	26	32	29	27							27	24	23
6	60	54	51	42	38	36	40	36	34							35	32	30
10	80	72	68	55	50	47	55	50	47	48	42	38				45	41	38
16	105	94	89	75	68	64	70	63	60	65	57	51	60	51	46	60	54	51
25	140	126	119	100	90	85	95	86	81	85	74	67	80	68	61	75	68	64
35	175	157	148	115	103	98	115	100	98	100	87	79	95	81	72	95	86	81
50	215	193	182	140	126	119	145	130	123	125	109	99	120	102	91	110	99	94
70	270	242	229	175	157	149	180	162	153	155	135	122	145	123	110	140	126	119
95	325	292	276	210	189	178	220	198	187	190	165	150	180	153	137	165	149	140
120	375	337	318	245	220	208	255	230	216	220	191	174	205	174	156	200	180	170
150	430	387	365	290	261	246	300	270	255	255	222	202	235	200	178	230	207	195
185	495	445	420				345	310	294	295	256	233	270	229	205	260	234	221
240	585	526	497				410	370	348	345	300	272	325	276	247			

注:有＊者系根据电缆研究所推荐的电缆载流量新标准。

195

附表 13 矩形硬铝导体（LMY）动稳固性计算数据

$h \times b$ /(mm×mm)	集肤效应系数 K_f	机械强度要求最大跨距 /cm 三	机械强度要求最大跨距 /cm —	机械共振允许最大跨距 /cm 三	机械共振允许最大跨距 /cm 片间	机械共振允许最大跨距 /cm —	片间临界跨距 l_{cj}/cm	片间作用应力 σ_x/(N·cm⁻²)	截面系数 W_x/cm³	惯性半径 $r_{i(x)}$/cm	截面系数 W_y/cm³	惯性半径 $r_{i(y)}$/cm
60×6	≈1	$378 \times \sqrt{a/i_{ch}}$	$1\,193 \times \sqrt{a/i_{ch}}$	44		140			3.60	1.734	0.360	0.173 4
60×8	≈1	$504 \times \sqrt{a/i_{ch}}$	$1\,380 \times \sqrt{a/i_{ch}}$	51		140			4.80	1.734	0.640	0.231 2
60×10	≈1	$630 \times \sqrt{a/i_{ch}}$	$1\,540 \times \sqrt{a/i_{ch}}$	57		140			6.00	1.734	1.000	0.289
80×6	≈1	$436 \times \sqrt{a/i_{ch}}$	$1\,590 \times \sqrt{a/i_{ch}}$	44		161			6.40	2.312	0.480	0.173 4
80×8	≈1	$582 \times \sqrt{a/i_{ch}}$	$1\,840 \times \sqrt{a/i_{ch}}$	51		161			8.55	2.312	0.853	0.231 2
80×10	≈1	$726 \times \sqrt{a/i_{ch}}$	$2\,060 \times \sqrt{a/i_{ch}}$	57		161			10.7	2.312	1.33	0.289
100×6	≈1	$488 \times \sqrt{a/i_{ch}}$	$1\,990 \times \sqrt{a/i_{ch}}$	44		180			10.0	2.890	0.600	0.173 4
100×8	≈1	$651 \times \sqrt{a/i_{ch}}$	$2\,295 \times \sqrt{a/i_{ch}}$	51		180			13.4	2.890	1.070	0.231 2
100×10	1.1	$814 \times \sqrt{a/i_{ch}}$	$2\,570 \times \sqrt{a/i_{ch}}$	57		180			16.7	2.890	1.67	0.289
120×10	1.1	$890 \times \sqrt{a/i_{ch}}$	$3\,085 \times \sqrt{a/i_{ch}}$	57		197			24.0	3.468	2.00	0.289
$h \times b$	K_f	三	—	三	片间	—	l_{cj}	σ_x	W_x	$r_{i(x)}$	W_y	$r_{i(y)}$
2(80×6)	1.1	$15.5 \times \sqrt{a\sigma_{x-x}/i_{ch}}$	$27.1 \times \sqrt{a\sigma_{x-x}/i_{ch}}$	83.5	47	161	$293.1/\sqrt{i_{ch}}$	$2.51 \times 10^{-3} \times i_{ch}^2 \times l_1^2$	12.8	2.31	4.16	0.622
2(80×8)	1.12	$20.4 \times \sqrt{a\sigma_{x-x}/i_{ch}}$	$31.3 \times \sqrt{a\sigma_{x-x}/i_{ch}}$	96.5	54	161	$399.1/\sqrt{i_{ch}}$	$1.27 \times 10^{-3} \times i_{ch}^2 \times l_1^2$	17.0	2.31	7.37	0.832
2(80×10)	1.14	$25.6 \times \sqrt{a\sigma_{x-x}/i_{ch}}$	$35.1 \times \sqrt{a\sigma_{x-x}/i_{ch}}$	108	61	161	$528.1/\sqrt{i_{ch}}$	$0.79 \times 10^{-3} \times i_{ch}^2 \times l_1^2$	21.3	2.31	11.5	1.04
2(100×8)	1.14	$23.0 \times \sqrt{a\sigma_{x-x}/i_{ch}}$	$39.0 \times \sqrt{a\sigma_{x-x}/i_{ch}}$	96.5	54	180	$438.1/\sqrt{i_{ch}}$	$0.89 \times 10^{-3} \times i_{ch}^2 \times l_1^2$	26.6	2.89	9.21	0.832
2(100×10)	1.20	$28.7 \times \sqrt{a\sigma_{x-x}/i_{ch}}$	$43.8 \times \sqrt{a\sigma_{x-x}/i_{ch}}$	108	61	180	$558.1/\sqrt{i_{ch}}$	$0.53 \times 10^{-3} \times i_{ch}^2 \times l_1^2$	33.3	2.89	14.4	1.04
2(120×10)	1.24	$31.6 \times \sqrt{a\sigma_{x-x}/i_{ch}}$	$52.7 \times \sqrt{a\sigma_{x-x}/i_{ch}}$	108	61	197	$608.1/\sqrt{i_{ch}}$	$0.37 \times 10^{-3} \times i_{ch}^2 \times l_1^2$	48	3.47	17.3	1.04
3(80×8)	1.22	$31.3 \times \sqrt{a\sigma_{x-x}/i_{ch}}$	$38.3 \times \sqrt{a\sigma_{x-x}/i_{ch}}$	122	54	161	$512.1/\sqrt{i_{ch}}$	$0.98 \times 10^{-3} \times i_{ch}^2 \times l_1^2$	25.6	2.31	16.9	1.33
3(80×10)	1.28	$39.0 \times \sqrt{a\sigma_{x-x}/i_{ch}}$	$42.8 \times \sqrt{a\sigma_{x-x}/i_{ch}}$	136	61	161	$657.1/\sqrt{i_{ch}}$	$0.59 \times 10^{-3} \times i_{ch}^2 \times l_1^2$	32.0	2.31	26.4	1.66

3(100×8)	1.28	$34.8\times\sqrt{a\sigma_{x-x}/i_{ch}}$	$47.9\times\sqrt{a\sigma_{x-x}/i_{ch}}$	122	54	180	$550.1/\sqrt{i_{ch}}$	$0.72\times10^{-3}\times i_{ch}^{2}\times l_1^{2}$	40	2.89	21.2	1.33
3(100×10)	1.40	$43.4\times\sqrt{a\sigma_{x-x}/i_{ch}}$	$53.7\times\sqrt{a\sigma_{x-x}/i_{ch}}$	136	61	180	$715.1/\sqrt{i_{ch}}$	$0.41\times10^{-3}\times i_{ch}^{2}\times l_1^{2}$	50.0	2.89	33.0	1.66
3(120×10)	1.47	$47.6\times\sqrt{a\sigma_{x-x}/i_{ch}}$	$64.5\times\sqrt{a\sigma_{x-x}/i_{ch}}$	136	61	197	$762.1/\sqrt{i_{ch}}$	$0.30\times10^{-3}\times i_{ch}^{2}\times l_1^{2}$	72.0	3.47	39.6	1.66
4(100×10)	1.62	$57.8\times\sqrt{a\sigma_{x-x}/i_{ch}}$	$62.0\times\sqrt{a\sigma_{x-x}/i_{ch}}$	159	61	180	$719.1/\sqrt{i_{ch}}$	$0.39\times10^{-3}\times i_{ch}^{2}\times l_1^{2}$	66.7	2.89	58.1	2.55
4(120×10)	1.70	$63.2\times\sqrt{a\sigma_{x-x}/i_{ch}}$	$74.4\times\sqrt{a\sigma_{x-x}/i_{ch}}$	159	61	197	$762.1/\sqrt{i_{ch}}$	$0.28\times10^{-3}\times i_{ch}^{2}\times l_1^{2}$	96.0	3.47	69.7	2.25
4(100×10)*	1.62								66.7	2.89	124	4.13
4(120×10)*	1.70								96.0	3.47	149	4.13

注:①有"*"的 4 片母线为中间 2 片距离(净空)加大到 50 mm。

②例(1)已知:铝母线 80×10,Ⅲ布置,$i_{ch}=120$ kA,$a=50$ cm,

则:机械强度要求 $l_{max}=726\times\sqrt{50/120}=42.7$(cm),机械共振要求 $l_{max}=57$ cm。

2)已知:铝母线 LMY-4(120×10),Ⅲ布置,$i_{ch}=200$ kA,则布置,$i_{cj}=762.1\ \sqrt{200}=54$(cm),若取 $l_1=20$ cm,则 $\sigma_x=0.28\times10^{-3}\times200^2\times20^2=4\ 480$ N/cm^2,$\sigma_{x-x}=6\ 860\ -$

$4\ 480=2\ 380$(N/cm^2),若取 $a=70$ cm,则动稳固性要求 $l_{max}=63\times\sqrt{70\times2\ 380/200}=129$(cm),防止共振要求 $l_{max}=159$ cm。可取跨距 $l=120$ cm。

附表 14　槽型母线的技术特性
（载流量按最高允许温度 +70 ℃计）

h/mm	b/mm	c/mm	r/mm	母线组截面/mm²	铜母线 K_f	铜双槽容许电流 25℃/A	35℃	40℃	铝母线 K_f	铝双槽容许电流 25℃/A	35℃	40℃	W_x/cm^3	I_x/cm^4	r_x/cm	W_y/cm^3	I_y/cm^4	r_y/cm	W_{y0}/cm^3	I_{y0}/cm^4	r_{y0}/cm	S_{y0}/cm^3	共振双槽实连或实连时绝缘子间的/cm	共振垫片间的不实连时绝缘子间的/cm
75	35	4	6	1 040	1.02	2 730			1.012	—	—	—	10.1	41.6	2.83	2.52	6.2	1.09	23.7	89	2.93	14.1		
75	35	5.5	6	1 390	1.04	3 250			1.025	2 670	2 350	2 160	14.1	53.1	2.76	3.17	7.6	1.05	30.1	113	2.85	18.4	178	114
100	45	4.5	8	1 550	1.038	3 620			1.02	2 820	2 480	2 280	22.2	111	3.78	4.51	14.5	1.33	48.6	243	3.96	28.8	205	125
100	45	6	8	2 020	1.074	4 300			1.038	3 500	3 080	2 830	27	135	3.7	5.9	18.5	1.37	58	290	3.85	36	203	123
125	55	6.5	10	2 740	1.085	5 500			1.05	4 640	4 080	3 760	50	290	4.7	9.5	37	1.65	100	620	4.8	63	228	139
150	65	7	10	3 570	1.126	7 000			1.075	5 650	4 970	4 580	74	560	5.65	14.7	68	1.97	167	1 260	6.0	98	252	150
175	80	8	12	4 880	1.195	8 550			1.103	6 430	5 660	5 210	122	1 070	6.65	25	144	2.4	250	2 300	6.9	156	263	147
200	90	10	14	6 870	1.32	9 900			1.175	7 550	6 640	6 120	193	1 930	7.55	40	254	2.75	422	4 220	7.9	252	285	157
200	90	12	16	8 080	1.465	10 500			1.237	8 830	7 770	7 150	225	2 250	7.6	46.5	294	2.7	490	4 900	7.9	290	283	157
225	105	12.5	16	9 760	1.515	12 500			1.285	10 300	9 070	8 350	307	3 450	8.5	66.5	490	3.2	645	7 240	8.7	390	299	163
250	115	12.5	16	10 900	1.563	—			1.313	10 800	9 500	8 750	360	4 500	9.2	81	660	3.52	824	10 300	9.82	495	321	200

参考文献

1. 吕千,陈淑芳等编写. 进网作业电工培训教材. 沈阳:辽宁科学技术出版社,1992
2. 朴在林等主编. 变电所电气部分. 北京:中国水利水电出版社,2002
3. 牟道槐主编. 发电厂　变电站电气部分. 重庆:重庆大学出版社,1996